高等职业教育铁道交通运营管理专业校企合作系列教材

高等职业教育"十二五"规划教材——轨道交通类

普通条件货运组织

主　编　王　慧

副主编　陈新鸿　王　丹

参　编　律　鹏　孙国发

主　审　孙雁胜

西南交通大学出版社

·成都·

目 录

项目一 散装货物运输组织

 教学目标

（1）掌握铁路货物运输的基本概念、种类、运输条件和运到期限计算；
（2）掌握货物运输组织工作，建立对货物运输组织工作的感性认识；
（3）掌握固体形态的散装货物划线装车、货车容许载重量的确定方法；
（4）掌握散堆装货物的运输组织工作。

任务1 货运基本条件的认知

 任务描述

本任务是对货运基本条件的认知，是从事货运工作必备的基础知识，并为学习铁路货运组织相关知识打下基础。通过本任务的学习，应使学生理解货运工作的基本任务，了解货运工作的法规依据，掌握货物与货物运输种类、一批的概念，理解保价保险运输的概念，掌握货运营业办理站的概念与营业办理限制符号含义，理解货物快速运输的相关内容，掌握货物运到期限的计算及逾期违约金的支付等相关知识与技能。

知识准备

货运作业是货物运输的基础，在货运作业中应坚持依法经营，认真贯彻执行《中华人民共和国铁路法》以下（简称《铁路法》等）相关法律、法规和规章，正确地办理货运作业，对保证货物安全、迅速、经济、便利地到达目的地起着至关重要的作用，只有熟悉和掌握货运作业的基本条件，才能不断提高作业效率，改进服务质量，优化作业程序。

一、货运工作的基本任务

铁路货运工作融生产、管理和服务于一身，其基本任务包括以下几点：

（1）根据国民经济计划、社会经济发展需求及铁路运输能力，贯彻实行计划运输，制订货运工作方案，组织合理运输、直达运输、联合运输，提高货运组织工作水平。

（2）实行负责运输，严格遵守货物运输法规，正确确保货物运输条件，正确划分和履行铁路与托运人、收货人在货物运输过程中的责任，确保货物运输的安全和完整。

（3）采用新型货运设备，推广先进的货物运输方法和科技成果，挖掘既有设备能力，加速货车周转，提高运输效率。

（4）加强货场管理，加强专用线和专用铁路的作业管理，提高货物作业能力，改进货物运输生产过程的作业组织，推行作业标准化，提高作业质量和作业效率。

（5）正确分析和妥善处理货运事故，建立安全防范体系，不断提高货运质量和铁路信誉。

（6）经常对职工进行政治思想、职业道德和技术业务教育，不断提高职工的素质，更好地为货物运输服务。

二、货运工作的法规依据

（一）货运合同的法律依据

1.《中华人民共和国合同法》(简称《合同法》)

《合同法》是调整横向经济关系的法律规定。

在铁路货物运输中，必须以《合同法》为依据，实行铁路货物运输合同制度，以便调整承运人与托运人、收货人之间的经济关系，正确实现货物运输。

2.《中华人民共和国铁路法》(简称《铁路法》)

《铁路法》是保障铁路运输和铁路建设顺利进行的法律规定。

《铁路法》同样是组织铁路货物运输必须遵守和执行的法律依据。

3.《铁路货物运输合同实施细则》(简称《实施细则》)

《实施细则》是以《合同法》为依据，结合铁路货物运输的特点而制定的经济法规，是《合同法》的补充。它是组织铁路货物运输更为直接的依据。

4.《中华人民共和国民法通则》(简称《民法通则》)

《民法通则》是涉及调整铁路货物运输合同的法律，对当事人违反合同应承担的民事责任作了规定。

（二）《铁路货物运输规程》(简称《货规》)

《货规》是货物运输的基本规章。它是根据国家有关方针、政策和法令，以《合同法》、《铁路法》、《实施细则》为依据而制定的。

《货规》由铁道部颁布，在全国范围内实行，其内容包括四章及四个附件。它具体规定了铁路货物运输的基本条件、货物运输合同、货物的搬入搬出，货物的承运交付、装车卸车、货运事故的处理赔偿、承托双方责任的划分。它是组织铁路货物运输最为直接的依据，承运人、托运人和收货人都必须遵照执行。

对于未纳入《货规》或《货规》规定未尽问题，则制定了《货规》的引申规则或办法。它们有：

（1）《铁路货物运价规则》（简称《价规》）。

（2）《铁路危险货物运输管理规则》（简称《危规》）。

（3）《铁路鲜活货物运输规则》（简称《鲜规》）。

（4）《铁路超限超重货物运输规则》（简称《超规》）。

（5）《铁路货物装载加固规则》（简称《加规》）。

（6）《铁路货物运输计划管理暂行办法》。

（7）《货运日常工作组织办法》。

（8）《快运货物运输办法》。

（9）《铁路集装箱运输规则》（简称《集装箱规则》）。

（10）《铁路货物保价运输办法》（简称《保价办法》）。

（11）《铁路货物运输杂费管理办法》。

（12）《货车使用费核收暂行办法》。

（13）《铁路专用线专用铁路管理办法（试行）》。

（14）根据《货规》精神制定的其他办法。

（三）铁路内部货运管理规则与办法

1.《铁路货物运输管理规则》(简称《管规》)

《管规》明确规定了货物运输各环节的作业内容和质量要求，是铁路货运工作人员货物运输的工作细则。其主要内容包括货物运输基本作业、货物交接检查和换装整理、货场管理、货运监察及附则。《管规》不作为托运人、收货人与铁路间划分权力、义务和责任的依据。

2.《铁路货物事故处理规则》(简称《事规》)

《事规》是铁路内部处理货运事故的规定，同样不作为承运人与托运人、收货人划分权力、义务与责任的依据。其主要内容包括货运事故种类和等级、记录编制及调查、事故处理程序、事故责任划分、货运事故赔偿、货运事故统计与资料保管及附则。

其他铁路内部货运管理规则与方法还有《铁路货运检查管理规则》、《铁路集装箱运输管理规则》、《铁路货物保价运输管理办法》、《货车篷布管理规则》、《铁路超限超重货物运输作业管理规定》、《铁路零担货物运输组织规则》、《货装职工守则》等。

（四）国际联运规章

《国际铁路货物联运办法》是国际联运有关规章的摘录与综合，适用于通过两个以上国家铁路，使用一份运送票据并以连带责任办理的直通货物运送，仅供我国国内铁路使用。如果同托运人、收货人或同国外办理国际联运业务和交涉事项，仍须根据国际联运有关规章办理。

（五）水陆联运规章

《铁路和水路货物联运规则》适用于通过铁路和水路两种不同运输方式办理的直通货物运送，是水陆联运中关于运输条件、办理手续、运杂费计算以及托运人、收货人同铁路、水路之间的权利、义务和责任划分的基本规章，对铁路、水路和托运人、收货人都具有约束效力。

（六）军运规章

军运规章适用于军事运输，主要有《铁路军事运输管理办法》、《军用危险货物铁路运输管理规则》、《铁路军事运输计费付费办法》等，对于军事运输的等级、运输计划、装载、运行、卸载以及军运危险货物的组级划分和军事运输费用的计算作了具体的规定，对铁路和军方都具有约束力。

（七）《铁路客货运输专刊》

《铁路客货运输专刊》是铁道部相关主管部门登载铁路货运法规部分修改的内容，使铁路及社会公众知晓的专刊。

（八）铁路局（集团公司）对铁道部规章的补充规定

铁路局（集团公司）对铁道部规章的补充规定通常适用于本铁路局（集团公司）管内，一般限于执行铁道部规定的一些作业程序和方法等方面的内容，不能同铁道部规定相抵触。

（九）其他相关法律法规

其他相关法律法规包括国务院、国务院其他部委、各部委与铁道部联合发布的货物运输相关法律法规。

三、货物与货物运输种类

（一）铁路运输货物分类

1. 按品类分

目前，我国铁路运输的货物共分为 28 个品类，即煤、石油、焦炭、金属矿石、钢铁及有色金属、非金属矿石、磷矿石、矿物性建材、水泥、木材、粮食、棉花、化肥及农药、盐、化工品、金属制品、工业机械、电子电气机械、农业机具、鲜活货物、农副产品、饮食烟草制品、纺织皮毛制品、纸及文教用品、医药品、其他货物、零担、集装箱。

2. 按货物的外部形态分

根据货物的外部形态不同，可分为成件货物、大件货物与散堆装货物。

3. 按运输条件分

按照货物对运输条件要求的不同，可分为按普通条件运输的货物和按特殊条件运输的货物。其中，按特殊条件运输的货物包括阔大货物、危险货物和鲜活货物。

（二）货物运输种类

尽管铁路运送的货物种类繁多，根据托运货物的数量、性质、形状等条件并结合所使用的货车，可将铁路货物运输的种类划分为整车、零担和集装箱运输三种。

按与其他行业的联合运输方式，又可分为国铁与地铁间运输、国际铁路货物联运、铁路与水路货物联运、军事运输。

1. 整车货物运输

一批货物的重量、体积、形状或性质需要一辆以上货车运输的，应按整车托运。我国大多数的货物运输是使用整车运输的方式。

（1）整车分卸。

整车分卸的目的是为解决托运的数量不足一车而又不能按零担办理的货物运输。限制条件如下：

① 托运的货物必须是危险货物，易污染其他货物的污秽品，未装容器的活动物，一件货物重量超过 2 t，体积超过 3 m³ 或长度超过 9 m 的货物；

② 到达分卸站的货物数量不够一车；

③ 到站必须是同一径路上两个或三个到站；

④ 必须在站内卸车；

⑤ 在发站装车必须装在同一货车内作为一批托运的货物。

（2）准、米轨直通运输。

我国铁路线路主要是标准轨距，但昆明局管内还有部分米轨铁路。为了方便物资运输，减少托运人或收货人在运输途中的作业手续，铁路还开办了整车货物准、米轨间直通运输，即使用一份运输票据，跨及准轨与米轨铁路，将货物从发站直接运送至到站。

准、米轨间只办理整车货物直通运输。但下列货物不办理直通运输：

鲜活货物及需要冷藏、保温或加温运输的货物；罐车运输的货物；每件重量超过 5 t（特别商定者除外），长度超过 16 m 或体积超过米轨装载限界的货物。

（3）国铁与地铁间直通运输。

国铁与地铁间直通运输是指国家铁路与地方铁路间货物一票直通的运输。办理直通运输的车站，国铁为由铁道部公布在《货物运价里程表》内的办理货运业务的正式营业车站；地铁为经地方铁路局提出报接轨站所在国铁铁路局同意后，由铁道部在《铁路客货运输专刊》公布的车站。

2. 零担货物运输

不够整车运输条件的货物按零担托运。按零担托运的货物，一件体积最小不得小于 0.02 m³（一件重量在 10 kg 以上的除外），每批不得超过 300 件。

零担货物一般为一批重量较小的成件包装货物，以日常用品居多，亦有许多贵重物品，多为怕湿货物，一般使用棚车装载。

零担货物运输具有运量零星、批数较多、品种繁多、性质复杂、包装条件不一、作业复杂的特点。目前组织零担货物的运输方式包括：拼车、拼箱、行包运输和一站直达整零。

办理一站直达整零要向社会公告去向、装车日期，保证当日受理，当日承运，当日装车，当日挂运。

3. 集装箱运输

集装箱是一种现代化运输设备，使用集装箱进行的货物运输称为集装箱运输。集装箱适用于运输精密、贵重、易损、怕湿的货物。凡适箱货物均应采用集装箱运输。集装箱运输是发展中的运输方式。

四、一 批

（一）一批的概念

一批是铁路承运货物和计算运输费用的一个单位，是指使用一张货物运单和一份货票，按照同一运输条件运送的货物。

（二）按一批办理的条件

按一批托运的货物，托运人、收货人、发站、到站和装卸地点都必须相同（整车分卸货物除外）。按运输种类的不同，一批的具体规定是：

整车货物以每车为一批，跨装、爬装及使用游车的货物，每一车组为一批，如图 1.1.1 所示。

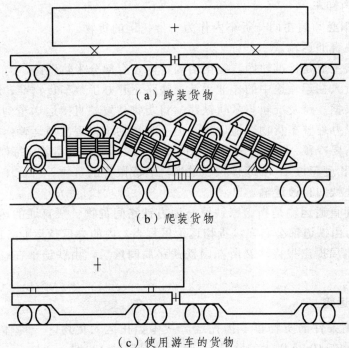

（a）跨装货物

（b）爬装货物

（c）使用游车的货物

图 1.1.1　跨装、爬装及使用游车的货物

准、米轨间直通运输的整车货物，一批的重量或体积应符合下列要求：

重质货物重量为 30 t、50 t、60 t（不适用货车增载的规定）；轻浮货物体积为 60 m³、95 m³、115 m³。

（三）按一批办理的限制

由于货物性质各不相同，其运输条件也不一样。为保证货物安全运输，规定下列货物不得按一批托运：

（1）易腐货物与非易腐货物。

（2）危险货物与非危险货物。

（3）根据货物的性质不能混装运输的货物，如液体货物与怕湿货物，食品与有异味的货物，配装条件不同的货物等。

（4）按保价运输的货物与不按保价运输的货物。

（5）投保货物运输险的货物与未投保货物运输险的货物。

（6）运输条件不同的货物，如需要卫生检疫证的货物与不需要卫生检疫证的货物，海关监管货物与非海关监管货物，不同热状态的易腐货物等。

上述不能按一批托运的货物，在特殊情况下，经铁路局同意也可按一批托运。

五、货物保价保险运输

《铁路法》规定，托运人根据自愿原则，可以办理保价运输，也可以办理货物运输保险，还可以既不办理保价运输，也不办理货物运输保险。按哪种方式运输由托运人确定，不得以任何方式强迫办理保价运输或者货物运输保险。

（一）货物保价运输

铁路保价运输是铁路运输实行限额赔偿后，为保证托运人、收货人的合法利益，供托运人选择的一种赔偿制度。托运人做出这种选择后，即成为铁路运输合同的组成部分，铁路将承担相应的责任。铁路对承运的货物自承运时起到交付时止发生的灭失、短少、变质、污染、损坏承担赔偿责任。

1. 保价金额

如果托运人要求保价运输，应在货物运单托运人记载事项栏内注明"保价运输"字样，并在"货物价格"栏内以元为单位填写货物的实际价格，全批货物的实际价格即为货物的保价金额。货物的实际价格是指货物在起运地的价格与税款、包装费和已发生的运输费用。

2. 保价费的计算

保价运输时应按货物保价金额的一定比例交纳保价费。货物保价费按保价金额乘以适用的货物保价费率计算。按保价运输办理的货物，应全批保价，不得只保其中一部分。保价费率不同的货物按一批托运时，应分项填记品名及保价金额，保价费分别计算。保价费率不同的货物合并填记时，适用于其中最高的保价费率。保价费率分为五个基本级和两个特定级，其费率分别为1‰、2‰、3‰、4‰、6‰，以及10‰和15‰。

自轮运转（包括企业自备或租用铁路）的铁道机车、车辆和轨道机械暂不办理保价运输。

（二）货物运输保险

铁路货物运输保险是我国保险事业的一个重要组成部分，是托运人以铁路装运的货物作为保险标的的保险。遇有保险责任范围内的损失时，由保险公司负责按规定给予赔偿，以补偿被保险货物在运输过程中因自然灾害和意外事故所造成的经济损失。

货物运输保险由保险公司办理或委托铁路代办。承运人对投保货物运输险的货物，应在货物运单、货票"托运人记载事项"栏内加盖"已投保运输险，保险凭证 ×××号"戳记。

托运人托运货物时，应在货物运单"货物价格"栏内准确填写该批货物总价格，根据总价格确定保险总金额，投保货物运输险。

六、货运营业办理站

货运营业办理站在《货物运价里程表》上公布。

车站的营业办理限制和起重能力主要根据《货物运价里程表》站名索引表有关"营业办理限制"栏和"最大起重能力"栏中的规定来确定。

营业办理限制用符号△表示不办理，用○表示仅办理，常用营业办理限制符号及含义见表1.1.1。不能用符号表示的，另加文字说明。各种营业办理限制，除明定适用于专用线者外，都指站内营业办理范围。集装箱按《集装箱办理站站名表》，危险货物按《铁路危险货物运输办理站（专用线、专用铁路）办理规定》办理。

表 1.1.1　常用营业办理限制符号及含义

营业办理 限制符号	含义
△货	不办理货运营业，没有专用线、专用铁路货运作业
专	仅办理专用线、专用铁路货运作业，具体办理内容另查 《铁路专用线专用铁路名称表》
路	站内仅办理路用货物发到
△牲	站内不办理活牲畜到达
△湿	站内不办理怕湿货物发到
△散	站内不办理散堆装货物发到
△蜂	站内不办理蜜蜂发到
危	站内办理危险货物运输，具体办理内容另查 《铁路危险货物运输办理站（专用线、专用铁路）办理规定》

注：以上符号中，△货 和 专 是对车站货运营业范围的总体描述，适用于零担、集装箱和整车。

七、货物的快速运输

为加速货物运输，提高货物运输质量，适应市场经济的需要，铁路开办了货物快速运输（简称快运），在全路的主要干线上开行了快速货物列车。

货物快速运输分为托运人要求办理和必须按快运办理两种。

（一）托运人要求按快运办理的货物

托运人托运的整车、集装箱、零担运输的货物，除不需按快运办理的煤、焦炭、矿石、矿建等品类的货物外，托运人要求按快运办理时，经铁路同意可按快运办理。

（二）必须按快运办理的货物

凡是符合下列三个条件的货物，必须按快运办理：

（1）发站是《快运货物运输办法》中规定的郑州、上海、南昌局与广铁（集团）公司所辖的有关车站。如郑州局的许昌、驻马店、信阳，武汉局的江岸、孝感，广铁（集团）公司的岳阳、长沙北、株洲、衡阳，上海局的新龙华、嘉兴、金华、义乌、绍兴，南昌局的鹰潭、向塘等车站。

（2）到站是深圳北站。

（3）办理的货物是整车鲜活货物。

托运人托运按快运办理的货物应在月度要车计划表内用红色戳记或红笔注明"快运"字样。经批准后，向车站托运货物时，须提出快运货物运单，车站填写快运货票。

车站对办理的零担快运货物，应在票据封套上加盖横式带边红色"快运"戳记。

（三）快速货物列车

我国铁路开行的快运货物列车主要有"五定"班列、集装箱快运直达列车和鲜活快运直达列车三种。

1. "五定"班列

为适应市场经济的发展，向社会提供优质服务，铁路以"五定"班列作为货物运输新产品，参与货运市场竞争，以满足社会对铁路运输的需求。"五定"班列，即定点（装车站和卸车站）、定线（运行线）、定车次（直达班列车次）、定时（货物运到时间）、定价（全程运输价格）的直达快运货物列车。

（1）"五定"班列办理的货物范围。

范围包括整车货物、集装箱货物和零担货物（仅限一站直达），但不办理水陆联运、军运后付、超限限速运行货物和运输途中需加水、加油的冷藏车的货物。

（2）"五定"班列的开行原则及特点。

"五定"班列按照管理规范化、运行客车化、服务承诺化、价格公开化的原则进行。

"五定"班列具有运达快捷（日行 $600 \sim 800\ \mathrm{km}$）、手续简便（托运人可在车站一个窗口，一次办理好承运手续）、价格优惠（明码标价，档次高，价格合理，多运多优惠）、安全优质（保质保量，货物运到时间有保证，安全系数高）等特点。

（3）"五定"班列的产品报价、承运方式。

产品报价采取一次综合报价，包括铁路运费、快运费及杂费（含发、到站运输服务费）、代收的建设基金和电气化区段附加费，不收取上述报价以外的其他费用。长期租赁车位、运行线，价格还可优惠，多运多优惠。

2. 集装箱快运直达列车

从 1992 年起，铁道部组织实施了定点定线集装箱快运直达列车线，开行通过编组站不解体的集装箱快运直达列车，体现了快速、高效、安全的特点，是提效扩能的有效措施。

3. 鲜活货物快运直达列车

为了保证内地对港澳地区鲜活货物的及时运送，每天分别从江岸西（或长沙北）、新龙华、郑州北等站各开行一列快运货物列车到深圳北站。从 1962 年至今，三趟快车已开行了40 多年，保证了"及时、均衡、适量、优质"地供应港澳鲜活商品的特殊需要。

八、货物运到期限

（一）货物运到期限的概念

货物运到期限是铁路将货物由发站运至到站的最长时间限制，是根据铁路现有技术设备条件和运输工组织水平确定的，也是铁路承运部分货物的根据。

货物运到期限是铁路运输合同的重要内容，是对铁路运输企业的要求和约束，也是对托运或收货人合法权益的保护。铁路应当尽量缩短货物的运到期限，对因铁路责任超过货物运到期限的要负违约责任。

（二）货物运到期限的计算

货物运到期限由货物发送期间、运输期间和特殊作业时间三部分组成，具体规定如下：

（1）货物发送期间为 1 日。

（2）货物运输期间：运价里程每 250 km 或其未满为 1 日；按快运办理的整车货物，运价里程每 500 km 或其未满为 1 日。

（3）特殊作业时间。

① 运价里程超过 250 km 的零担货物和一 t 集装箱货物，另加 2 日；超过 1 000 km 加 3 日。

② 整车分卸货物，每增加一个分卸站另加 1 日。

③ 准、米轨间直通运输的整车货物另加 1 日。

上述各项特殊作业时间应分别计算，当一批货物同时具备几项时，应累计相加计算。

【例 1.1.1】德州站承运到北郊站整车货物一批，运价里程 794 km。请计算运到期限。

【解】（1）$T_发$=1（d）；

（2）$T_运$=794÷250=3.176，计 4（d）；

（3）$T_特$=0。

这批货物的运到期限为：$T=T_发+T_运+T_特$=1+4+0=5（d）。

货物的实际运到日数从货物承运次日起算，在到站由铁路组织卸车的，至卸车完了时终止；在到站由收货人组织卸车的，至货车调到卸车地点或交接地点时终止。

货物运到期限起码为 3 日。运到期限按自然日计算。

（三）五定班列货物的运到期限

"五定"班列货物的运到期限按运行天数（始发日和终到日不足 24 小时的均按 1 日计算）加 2 日计算。运到期限自该班列的始发日开始计算。

（四）货物运到逾期

货物实际运到日数超过规定的运到期限时，承运人应按所收运费的百分比，向收货人支付违约金。

1. 逾期违约金的支付

（1）一般货物运到逾期支付违约金占运费比例见表 1.1.2。

表 1.1.2　运到逾期违约金支付比例（一）

违约金支付比例　逾期 运　到	1 日	2 日	3 日	4 日	5 日	6 日以上
3 日	15%	20%				
4 日	10%	15%	20%			
5 日	10%	15%	20%			
6 日	10%	15%	15%	20%		
7 日	10%	10%	15%	20%		
8 日	10%	10%	15%	15%	20%	
9 日	10%	10%	15%	15%	20%	
10 日	5%	10%	10%	15%	15%	20%

货物运到期限在 11 日以上，发生运到逾期时，按表 1.1.3 规定计算违约金。

表 1.1.3 运到逾期违约金支付比例（二）

逾期总日数占运到期限天数	违约金支付比列
不超过 1/10 时	为运费的 5%
超过 1/10，但不超过 3/10 时	为运费的 10%
超过 3/10，但不超过 5/10 时	为运费的 15%
超过 5/10 时	为运费的 20%

【例 1.1.2】张贵庄站 3 月 4 日承运一批整车货物到沈阳北站，运价里程 1 160 km，3 月 14 日衡阳站卸车完了，是否逾期？如果逾期应向收货人支付多少逾期违约金？

【解】$T = T_发 + T_运 + T_特 = 1 + 1\ 160/250 + 0 = 6$（d）

实际运到日数 $T_实$ 为 10 天（从承运次日 3 月 5 日至卸车时间 3 月 14 日）

运到逾期日数 $T_逾 = T_实 - T_运 = 10 - 6 = 4$（d）

查表 1.1.2，运到期限 6 日，逾期 4 日，应支付运费 20% 的违约金。

（2）快运货物超过运到期限按表 1.1.4 退还快运费。

表 1.1.4 退还货物快运费比例

发到站运输里程	超过运到期限天数	退还货物快运费
1 801 km 以上	1 天	30%
	2 天	60%
	3 天以上	100%
1 201～1 800 km	1 天	50%
	2 天以上	100%
1 200 km 以下	1 天以上	100%

快运货物逾期依照表 1.1.3 中规定退还快运费外，在货物运输期间，按每 250 运价公里或其未满为 1 日，计算运到期限仍超过时，应依照规定向收货人支付违约金。

"五定"班列运输货物逾期，除因不可抗力外，到站在运到期限满前因承运人责任不能交付货物的，由到站在交付的同时使用车站退款证明书向收货人支付违约金，每逾期 1 日违约金为快运费的 50%；自第 3 日起（未收快运费的自第 1 日起）按以上运到期限的规定计算。

2. 不支付违约金的情形

（1）超限货物、限速运行的货物、免费运输的货物以及货物全部灭失，承运人不支付违约金。

（2）从承运人发出催领通知的次日起（不能实行催领通知或会同收货人卸车的货物为卸车的次日起），如收货人于 2 日内未将货物领出，即失去要求承运人支付违约金的权利。

（五）货物滞留时间

货物在运输过程中，由于下列原因之一造成的滞留时间，应从实际运到日数中扣除：

（1）因不可抗力的原因引起的；

（2）由于托运人责任致使货物在途中发生换装、整理所产生的；

（3）因托运人或收货人要求运输变更所产生的；

（4）运输活动物，由于途中上水所产生的；

（5）其他非承运人责任发生的。

由于上述原因致使货物发生滞留时，发生货物滞留的车站应在货物运单"承运人记载事项"栏内记明滞留时间和原因，到站应将各种情况所发生的滞留时间加总，加总后不足 1 日的尾数进整为 1 日。

 实训练习

1．A 站按整车运输一批货物到 N 站，A，N 站间运价里程为 189 km。试计算其运到期限。

2．由张贵庄站发往伊宁站一车货物，按快运办理，运价里程为 2 824 km，试计算该批货物的运到期限。

3．石家庄南站 9 月 14 日承运一批整车货物到衡阳站，9 月 26 日衡阳站卸车完了，是否逾期？如果逾期应向收货人支付多少逾期违约金？运价里程为 1 515 km。

4．2012 年 6 月 10 日，某托运人在丰台站托运一批货物，到站广州西（运价里程为 2 284 km），6 月 23 日运至到站，24 日送到卸车地点，问是否运到逾期？如果逾期，应如何向收货人支付运到逾期违约金？

5．2012 年 6 月 10 日，某托运人在丰台站托运一批货物，到站广州西（运价里程为 2 284 km），按快运办理，6 月 23 日运至到站，24 日送到卸车地点，问是否运到逾期？如果逾期，应如何处理？

6．A 站发往 H 站一批货物，10 月 29 日承运，按快运办理，运价里程为 1 582 km，应至何日期到达不逾期？若 11 月 7 日才运抵到站卸毕，到站应如何处理？

7．某站 1 月 23 日到达 20 英尺集装箱 1 个，内装罐头，当日卸车完毕并发出催领通知，收货人于当月 24 日来站办理领取手续并将货物拉出车站，该批货物 1 月 7 日承运，运到期限 5 天，收货人要求支付运到逾期违约金，请问如何支付？

8．某贸易公司由南仓站快运一车货物至南京东，承运日期为 8 月 5 日，8 月 13 日 20：00 到达南京西，并于 14 日 15：00 调到卸车地点由收货人组织卸车。该车于 8 月 7 日在鹰潭因台风受阻 2 天。问：该货物是否逾期？如逾期该支付多少违约金？（运价里程为 1 040 km）

任务 2 散堆装货物运输组织

 任务描述

本任务主要是对散堆装货物运输组织相关知识的学习与技能训练，是普通条件货运组织的重要组成部分。通过本任务的学习，应使学生了解货场的分类、配置与设备，了解货运生产经营管理组织机构，掌握货物发送、途中、到达三个作业环节的具体内容，理解货物作业程序和标准。

知识准备

货场是铁路车站办理货物承运、保管、装卸和交付作业的场所，是铁路货运产品的营销窗口。为满足货物运输的需求，安全、方便、快捷地运送货物，充分发挥货场作业能力，必须加强对货场的管理，以保证铁路运输生产经营任务的完成。

一、货　场

（一）货场的分类

1. 按办理货物品类分

（1）综合性货场，是指办理整车、零担、集装箱两种以上运输种类及多种品类货物作业的货场。

（2）专业性货场，是指专门办理单项运输种类或单一货物品类的货场，有整车货场、零担货场、危险品货场、粗杂品货场、集装箱场等。

2. 按年办理货运量分

综合性货场根据年办理货运量分为大、中、小型货场。

大型货场年货运量 100 万 t 以上；中型货场年货运量 30 万 t 以上且未满 100 万 t；小型货场年货运量不满 30 万 t。

专业性货场的设置应根据货物性质及业务繁简、设备条件等实际情况确定。

货运量大、发到货物品类多的车站，为避免作业过于集中和便于管理，可分设几个货场。

当在同一车站设有几个货场时，各货场间可按货物运输种类或办理货物的品类、方向进行合理分工。

（二）货场的配置

货场的配置基本上可分为尽端式、通过式和混合式三种。

1. 尽端式货场

尽端式货场是由一组以上尽头式装卸线组成的货场。其装卸线一端连接车站的站线，另一端是设置车挡的终端，如图 1.2.1 所示。

此类货场的优点：布局紧凑，货场线路和通道都较短，车辆取送和货物搬运距离相对较短；线路呈扇形分布，线路与通道交叉少，因而进出货的搬运车辆和取送车作业干扰少，有利于作业安全；运量增加时，货场扩建比较方便。

缺点：车辆取送作业只能在货场一端进行，使作业车辆的取送受到较大限制；取送车作业与装卸作业有干扰。

2. 通过式货场

通过式货场是由一组以上贯通两端的装卸线组成的货场，其装卸线两端均连接车站站线，如图 1.2.2 所示。

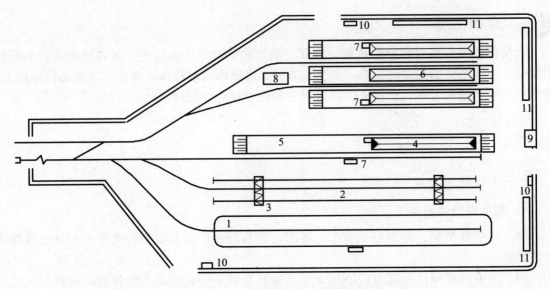

图 1.2.1　尽头式货场布置图

1-货物线；2-笨重货物及集装箱场地；3-门吊；4-仓库；5-普通货物站台；6-雨棚；

7-货运员办公室；8-货运办公室；9-货运营业室；10-门卫室；11-货场其他办公用房

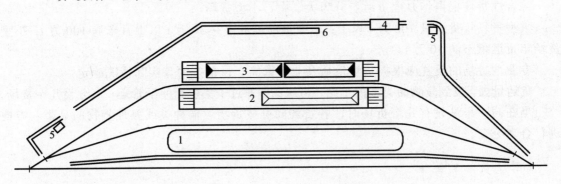

图 1.2.2　通过式货场布置图

1-堆放场；2-雨棚；3-仓库；4-货运办公室；5-门卫室；6-其他办公用房

此类货场的优点是：货场两端均可进行取送车作业，这对无配置调车机的中间站利用本务机车取送时上、下行方向均可作业，十分方便；取送车与装卸作业干扰少；利于办理成组、整列的装卸作业。

缺点：货场线路较长，建设投资相对较大；取送零星车辆时走行距离较长；货场通道和装卸线交叉较多，取送车与搬运作业易产生干扰。

3. 混合式货场

混合式货场是根据办理货物的种类和作业方法，将装卸线一部分修成尽头式，一部分修成通过式，所以混合式货场具有尽端式货场与通过式货场的优、缺点。混合式货场如图1.2.3所示。

对混合式货场的布局和使用，应根据货物品类和运量大小来确定。一般地，运量较小的货物在尽头式装卸线作业；运量较大的货物在通过式装卸线作业。

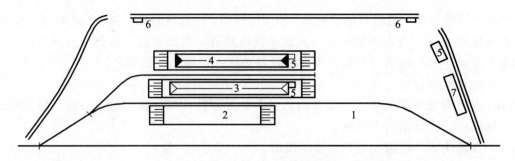

图 1.2.3　混合式货场布置图

1-堆放场；2-站台；3-雨棚；4-仓库；5-货运办公室；6-门卫室；7-其他办公用房

（三）货场设备

货运设备是指在车站或货车上直接用于货物装卸、运送、保管作业以及其他为办理货运业务服务的设备。

1.　货场基本设备

（1）货场用地。

（2）线路（指装卸货物用的线路以及为货运服务的线路，如装卸线以及货场内的调车线、牵出线、留置线、加冰线、货车洗刷线、轨道衡线、换装线、危险品货车停留线等）。

（3）货物仓库及雨棚。

仓库是为存放怕受自然条件影响的货物、危险货物和贵重货物而修建在普通站台的封闭式建筑物。仓库一般设计成库外布置装卸线路，但在雨雪多、风沙大、气候严寒的地区，作业量大时，也可设计为跨线仓库，其优点是货车在库内作业，不仅改善了装卸工人的劳动条件，而且保证雨雪天不中断作业，避免货物遭受湿损。

雨棚是为避免货物受自然条件影响而修建在普通站台上的带有顶棚的建筑物。雨棚主要用于存放怕湿、怕晒货物。在多雨雪地区，作业量大的货物可根据需要采用跨线雨棚。

雨搭是仓库、雨棚的辅助防雨设备。为避免货物在装卸和搬运作业时遭受湿损，雨搭一般应伸至站台边缘。多雨地区且作业繁忙的，装卸线一侧雨搭可伸至线路中心线以外；搬运站台一侧的雨搭一般以伸出站台边缘 3 m 为宜。

（4）各种货物站台、货位、堆放场、高架线、各种滑坡仓、漏斗仓。

货物站台是为了便于装卸车作业，主要用以存放不受自然条件影响的货物而修建的建筑物。货物站台按其结构及高度可分为普通站台和高站台两种。

普通货物站台是指站台面距轨面高度 1.1 m 的站台。普通货物站台按其与装卸线的配置形式不同可分为侧式站台和尽端式站台。

尽端式站台是用来装卸能自行移动的带轮子货物，如汽车、坦克、拖拉机等。尽端式站台可以单独设置，也可以与普通货物站台合并设置。

高站台是指站台面距轨面的高度大于 1.1 m 的站台。高站台分为平顶式、滑坡式和跨线漏斗式三种（后两种一般在企业内采用）。

堆放场是主要用来装卸并短期存放煤炭、砂石、木材等散堆装货物、长大笨重货物的场所。按其与装卸线的水平位置不同分为平货位和低货位两种。

平货位堆放场即一般常见的堆放场，地面用块石、沥青或混凝土筑成，地面与路基相平。

低货位堆放场指货物堆放场的地面低于线路路肩，即低货位。低货位适用于散堆装货物的卸车作业。利用低货位卸车，可以减轻劳动强度，提高劳动效率。

（5）货场照明设备。

（6）直接为货运职工和货主服务的房舍，如货运营业室、货运员办公室、门卫室、值班室、休息室、工具室、表格库。

（7）货场硬面、道路、道口、货场围墙。

（8）上水管路及排水设备。

（9）消防及保安设备，如避雷设备、报警设备等。

（10）电力及通信、信号设备。

（11）通风采暖设备。

（12）货场内港池、码头。

（13）货场清扫设备。

2．货运用具及衡器

货运用具及衡器包括：货运用具及衡器包括台秤、地磅衡、电子秤、轨道衡等。

3．特种用途设备

特种用途设备包括：货车洗刷、除污、污水处理设备；加温冷却设备；危险货物专用设备，如经常办理危险货物的车站，应建有具备通风、洗刷、避雷、报警等安全设施的专门仓库；牲畜专用设备（包括饮水栓；军用装卸设备；篷布及维修设备。

货运设备还包括集装箱及其他集装用具，各种装卸机械，用于维修、制造、鉴定货运用具的有关设备，监测设备和用于货运作业的电子计算机等。

4．货场作业区与货位

（1）货场作业区。

货运量较大的大、中型货场，根据装卸线路的分布、装卸机械的配备、货物运输种类、作业性质、货物品类等情况，把货场划分为若干区。如按货物运输种类分为整车、零担、集装箱作业区；按办理种别分为发送、到达、中转作业区；按货物品类分为成件包装货物、散堆装货物、粗杂品、笨重货物、危险货物、鲜活货物作业区；也有按东、南、西、北、中分区的。每个货区设一名货运值班员，负责该货区的管理及货运组织工作。

货场分区的目的在于合理运用货场设备，保证货物安全，便利取送车和搬运作业，促进货区、仓库、线路的专业化，使职工熟悉业务加强责任心，提高工作质量，加快货物运输和车辆周转。

（2）货位。

货位是场库在装车前和卸车后暂时存放一辆货车装载的货物或集结一个到站或方向的货物所需要的面积。能否正确地划分和合理地使用货位直接关系到货场作业能力的大小。

货位的划分是根据货场的具体条件因地制宜地划分。整车货位原则上要求能容纳一车的货物，其面积为 $80 \sim 100 \ m^2$，每个货位宽度为 $6 \sim 8 \ m$。零担货物则以集结一个去向或一个到站的货物为一个货位。集装箱货位适当增大。

货位的标记方法。整车货物货位一律采用号码制，即仓库、站台和堆货场按照顺序编号。发送和中转零担货物，按去向、到站或按自然中转范围进行标记，也有去向、号码同时采用的，到达零担货物采用号码制。货位标记应标在货位明显处，使工作人员容易看到。标记的方法可用油漆写在墙壁上，也可以用木牌或金属牌悬挂在铁丝上或钉在枕木上。

货场内的进货、装卸和取送车作业，都是根据货位占用情况编制计划的，因此，对货位的占用情况必须掌握。货位的占用情况由车站货调或货运值班员掌握。掌握的方法是在办公室内悬挂货位示意图，在图上挂表示牌显示货位占用情况，如挂红表示牌表示发送货物或中转货物，挂白表示牌表示到达货物，不挂表示牌表示货位空闲，从而准确地掌握货位的占用情况，正确指挥货场进出货、装卸车和取送车作业。

5. 装卸机械

装卸作业是货物运输过程的重要组成部分。装卸作业的机械化是完成装卸作业任务的重要手段。合理配置装卸机械，做好装卸机械的"管、修、用"，对提高货场装卸能力和装卸效率，减轻劳动强度，保证货物安全，加速车辆周转有着极其重要的作用。

（1）装卸机械的分类。

根据技术特征和使用特点不同可分为两类。

间歇作业的装卸机械：常见的有手推车、叉式车、铲车、门式起重机、轨道起重机、桥式起重机、轮胎起重机、履带式起重机、汽车起重机等。

连续作业的装卸机械：常见的有斗式联合卸煤机、螺旋卸煤机、装砂机、皮带运输机等。

（2）包装成件货物的装卸机械。

包装成件货物品种繁多，如家电产品、日用百货、食品、五金类等。这类货物一般价值高，对装卸搬运的质量要求高，具有大小形状不同、单件重量不大的特点。装卸作业一般在仓库、雨棚、货物站台及棚车内进行。根据这些特点，广泛采用叉式车作为装卸包装成件货物的机械。

叉式车种类多，按起重能力可分为：0.5 t、1 t、1.5 t…5 t；按动力不同可分为：电瓶式叉车（具有操作简便、无杂音、无污染的特点，但每天需充电，要求作业路面平坦）、内燃式叉车（具有起升走行速度快、不需充电的特点，利用率相对较高，但操作复杂、杂音大、污染作业环境）。

（3）长大笨重货物装卸机械。

长大笨重货物一般是单件货物，重量、体积比较大，如大型机电产品、铸件、混凝土构件及成捆原木等，因而对装卸机械的要求是坚固、稳定、起重能力大，并配备必要的索具，以扩大作业范围，做到一机多能，提高机械使用效率。

目前货场采用的长大笨重货物装卸机械一般有门式起重机、桥式起重机等。运量较小的货场则采用轮胎式起重机、汽车式起重机等。

（4）散堆装货物装卸机械。

散堆装货物运输在铁路总运量中占有很大比重。利用机械作业对散堆装货物的装卸具有现实意义。

在专用线、专用铁路内的散堆装货物的装卸，大量采用漏斗仓、滑坡仓。部分车站砂、石一般采用装砂机，煤炭采用各式卸煤机。

二、货运生产经营管理组织机构

根据车站的作业性质，货运生产经营有很多不同工种的铁路内部工作人员协同工作，而且有托运人、收货人等路外作业人员及各种短途运输工具参加货场的运输活动。

车站内货运生产经营活动由车站站长领导，车站行车、货运、装卸等部门协调配合，以便更好地完成货物的发送、途中、到达作业。

货运生产的岗位业务关系如图 1.2.4 所示。

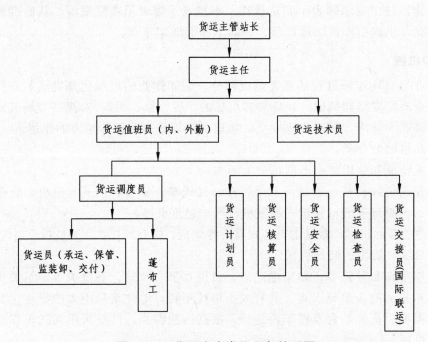

图 1.2.4 货运生产岗位业务关系图

三、货物发送作业

货物在发站所进行的各项货运作业统称为货物的发送作业。它是铁路货物运输技术作业过程的开始阶段，包括承运和装车两大环节。

（一）托运与受理

1. 托 运

（1）货物运单。

货物运单是托运人与承运人之间为运输货物而签订的一种运输合同。它是确定托运人、承运人、收货人之间在运输过程中的权利、义务和责任的原始依据。货物运单既是托运人向承运人托运货物的申请书，也是承运人承运货物和核收运费、填写货票以及编制记录和备查的依据。

货物运单（见表 1.2.1）由两部分组成，左边为货物运单，右边为领货凭证。货物运单中粗线左侧"托运人填写"部分和领货凭证各栏由托运人填写，右侧各栏由承运人填写。

快运用的货物运单，上端居中的票据名称冠以"快运货物运单"字样。

运单颜色有：白底黑色印刷，适合于现付；白底红色印刷，适用于到付或后付。

承、托双方在填写时均应对货物运单所填记的内容负责，按照《货规》的要求，填写运单要做到正确、完备、真实、详细、清楚。运单填写各栏有更改时，在更改处，属于托运人填记事项的，应由托运人盖章证明；属于承运人记载各项的，应由车站加盖站名戳记。承运人对托运人填记事项一般不得加以更改。

表 1.2.1 货物运单（格式）

（2）托运。

托运人以货物运单向承运人提出货物运输要求，并向承运人交运货物，称为货物的托运。

托运人到车站营业厅办理托运时，托运人向承运人交运货物，应向车站按批提出货物运单一份。整车分卸货物，除提出基本货物运单一份外，每一分卸站应另增加分卸货物运单两份（分卸站、收货人各一份），作为分卸站卸车作业和交付货物的凭证。

托运人填写运单部分：

"发站"栏和"到站（局）"栏，应分别按《铁路货物运价里程表》规定的站名完整填记，不得使用简称。到达（局）名，填写到达站主管铁路局名的第一个字，例如：（哈）、（上）、（广）等，但到达北京铁路局的则填写（京）字。

"到站所属省（市）、自治区"栏，填写到站所在地的省（市）、自治区名称。

托运人填写的到站、到达局和到站所属省（市）、自治区名称，三者必须相符。

"托运人名称"和"收货人名称"栏应填写托运单位和收货单位的完整名称，如托运人或收货人为个人时，则应填记托运人或收货人姓名。

"托运人地址"和"收货人地址"栏，应详细填写托运人和收货人所在省、市、自治区城镇街道和门牌号码或乡、村名称。托运人或收货人装有电话时，应记明电话号码。如托运人要求到站于货物到达后用电话通知收货人时，必须将收货人电话号码填写清楚。

"货物名称"栏应按《铁路货物运价规则》附件一"铁路货物运输品名分类与代码表"或国家产品目录所列的货物名称完全、正确地填写。"铁路货物运输品名分类与代码表"内未经列载的货物，应填写生产或贸易上通用的具体名称，但须用《铁路货物运价规则》附件三"铁路货物运输品名检查表"相应类项的品名加括号注明。

需要说明货物规格、用途、性质的，在品名之后用括号加以注明。

承运人只按重量承运的货物，则在本栏填记"堆"、"散"、"罐"字样。

"货物价格"栏应填写该项货物的实际价格，全批货物的实际价格为确定货物保价运输保价金额或货物保险运输保险金额的依据。

"托运人确定重量"栏，应按货物名称货物实际重量（包括包装重量）用公斤记明，"合计重量"栏，填记该批货物的总重量。

"托运人记载事项"栏填记需要由托运人声明的事项，例如：

（1）货物状态有缺点，但不致影响货物安全运输，应将其缺陷具体注明。

（2）需要凭证明文件运输的货物，应将证明文件名称、号码及填发日期注明。

（3）整车货物应注明要求使用的车种、吨位、是否需要苫盖篷布。整车货物在专用线卸车的，应记明"在××专用线卸车"。

（4）使用自备货车或租用铁路货车在营业线上运输货物时，应记明"××单位自备车"或××单位租用车"。使用托运人或收货人自备篷布时，应记明"自备篷布×块"。

（5）其他按规定需要由托运人在运单内记明的事项。

"托运人盖章或签字"栏，托运人于运单填记完毕，并确认无误后，在此栏盖章或签字。

领货凭证各栏，托运人填写时（包括印章加盖与签字）应与运单相应各栏记载内容保持一致。

货物在承运后，变更到站或收货人时，由处理站根据托运人或收货人提出的"货物变更要求书"，代为分别更正"到站（局）"、"收货人"和"收货人地址"栏填记的内容，并加盖站名戳记。

2. 受 理

车站对托运人提出的货物运单，经审查符合运输要求，在货物运单上签订货物搬入或装车日期后，即为受理。

（1）审查货物运单。

车站受理托运人提出的货物运单时，应认真审查货物运单内填记的事项是否符合铁路运输条件，审查的主要内容有：

① 货物运单各栏填写是否齐全、正确、清楚，领货凭证与运单是否一致。

② 整车运输有无批准的计划号码，计划外运输有无批准命令。

③ 到站的营业办理限制（包括临时停限装）和起重能力。

④ 货物名称是否准确、是否可以承运。这关系到铁路运输货物的安全和运费的计算。

⑤ 需要的证明文件是否齐全有效。根据中央或省、市、自治区法令需要证明文件运输的货物，托运人应将证明文件与货物运单同时提出并在货物运单托运人记载事项栏注明文件名称和号码。车站在证明文件背面注明托运数量，并加盖车站日期戳，退还托运人或按规定留发站存查。证明文件包括：物资管理，麻醉剂枪支、民用爆炸品，须药证管理部门或公安证明；物资运输归口管理，烟草、酒类，须有关管理部门证明文件；国家行政管理，如进出口货物，须进出口许可证；卫生检疫，种子、苗木、动物，须动植物检疫部门的检疫证明。

⑥ 有无违反按一批托运的限制。

⑦ 需要声明事项是否在"托运人记载事项"栏内注明，例如派有押运人的货物，托运人应在"托运人记载事项"栏内注明押运人姓名、证明文件名称和号码。

（2）签证货物运单。

货物运单经审查符合要求后进行签证。

整车货物在站内装车者，在货物运单上签证计划号码、货物搬入日期及地点，将货物运单交还托运人，凭此搬入货物；在专用线装车者，在货物运单上签证计划号码和装车日期，将货物运单交指定的包线货运员，按时到装车地点检查货物。

"承运人／托运人装车"栏，规定由承运人组织装车的，将"托运人"三字划掉，规定由托运人组织装车的，将"承运人"三字划掉。

"运到期限××日"栏，填写按规定计算的货物运到期限日数。

车站受理一批保价金额在 50 万元以上的整车货物，应在货物运单、货运票据封套或货物装载清单上加盖"▲B"戳记（或用红色书写），并在"列车编组顺序表"记事栏内注明"▲B"字样。

实行核算、制票合并作业的车站，对运单内"经由"、"运价里程"、"计费重量"、"运价号"、"运价率"和"运费"栏可不填写，而将有关内容直接填记于货票各该栏内，并加盖受理章和经办人名章。

3. 网上托运与受理

（1）铁路货运电子商务平台。

从 2012 年起，我国开通了中国铁路货运电子商务平台，为客户提供一种远程服务方式。系统运行初期主要有以下服务功能：

一是信息查询，包括铁路营业站办理条件、业务资料、运力信息、货物追踪等信息。

二是铁路运输需求提报，包括运输服务订单、空车预约（日请车）、现车预订等，系统自动受理，实时反馈结果。

三是物流需求提报，客户可填写物流服务订单、提出单项或综合物流需求，包括上门取货、送货上门、仓储保管及其他服务。

四是网上沟通交流。包括建议投诉、业务咨询等功能。

（2）整车货物运输网上托运与受理。

办理铁路整车运输、具有大运量需求的客户可选择计划预约提报订单及空车需求，少量、零散货物运输需求的客户可选择现车预订，希望得到一揽子物流服务的客户可选择综合物流。整车货物运输网上托运与受理具体操作流程如图1.2.5所示。

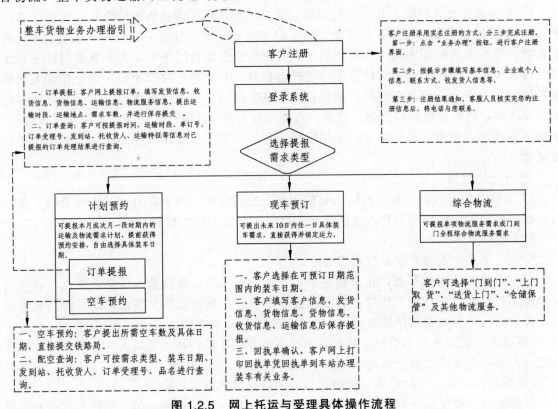

图 1.2.5　网上托运与受理具体操作流程

（二）进货、验收与保管

1. 进　货

托运人凭车站签证后的货物运单，按指定日期将货物搬入货场指定的位置即为进货。

2. 验　收

货场门卫人员和线路货运员对搬入货场的货物进行有关事项的检查核对，确认符合运输要求并同意货物进入场、库指定货位为验收。验收时需要检查的内容主要有以下几项：

（1）货物名称、件数是否与运单记载相符。

（2）货物的状态是否良好。货物状态有缺陷，但不致影响货物安全的，可由托运人在货物运单内具体注明后承运。

（3）装载整车货物所需的货车装备物品或加固材料是否齐全。装载整车货物所需的货车装备物品或货物加固材料均由托运人准备，并应在货物运单托运人记载事项栏内记明其名称和数量，在到站连同货物一并交付收货人。

3. 保　管

托运人将货物搬入车站，经验收完毕后，一般不能立即装车，需在货场内存放，这就产生了保管的问题。整车货物可根据协议进行保管；零担货物和集装箱运输的货物，车站从收货完毕时即负保管责任。

货物应稳固、整齐地堆码在指定货位上。整车货物要定型堆码，保持一定的高度。

（三）货物的重量

在运输过程中，保证货物重量的完整是承运人必须履行的义务，因此，铁路明确规定了确定货物重量的范围。

铁路运输散堆装货物按重量承运；整车货物由托运人确定重量。

货物的重量（包括货物包装重量），不仅是承运人与托运人、收货人之间交接货物和铁路计算运费的依据，而且与货车载重量的利用和列车运行的安全都有很大的关系，同时也影响铁路运营指标，因此货物重量的确定必须准确。对于由托运人确定重量的整车货物，承运人应进行抽查，抽查的间隔时间为每一托运人（大宗货物分品种）不超过一个月，对按密度计算重量的货物，应以定期测定的密度作为计算重量的依据。抽查后承运人确定的重量超过托运人确定的重量（扣除国家规定的衡器公差）时，应向托运人或收货人核收过秤费。

（四）货物装车作业

装车作业是铁路货物运输工作的一个重要环节。装车质量直接影响到货物安全、货物运送速度、车辆周转时间以及列车运行安全。因此，合理使用货车、合理组织劳动力和装卸机械、遵守装车作业规章制度及作业程序，对顺利完成装车作业具有重要意义。

1. 装卸车责任的划分

装卸车组织工作根据装卸地点和货物性质来划分承运人与托运人、收货人的责任范围。

货物装车或卸车的组织工作，在车站公共装卸场所内由承运人负责；在其他场所均由托运人或收货人负责。但是，某些货物由于在装卸作业中需要特殊的技术或设备、工具，所以，虽在车站公共装卸场所内进行装卸作业，仍应由托运人或收货人负责组织。

车站应同各专用铁道、专用线所有人签订运输协议，商定货车交接地点、货车取送、货车装卸、货物和备品交接等有关事项，并报主管铁路局备案。

由托运人或收货人组织装车或卸车的货车，车站应在货车调到前，将调到时间通知托运人或收货人。托运人或收货人在装卸车作业完后，应将装车结束或卸车结束的时间通知车站。

托运人、收货人组织装车或卸车的货车，超过规定的装卸车时间标准或规定的停留时间标准时，承运人应向托运人或收货人核收规定的货车延期使用费。

凡存放在装卸场所内的货物，应距离货物线钢轨外侧 1.5 m 以上，距离站台边缘 1 m 以上，并应堆放整齐、稳固。

2. 货车使用原则

货车是铁路货物运输的主要工具，使用是否正确将直接影响行车安全、货物质量、车辆完整以及车辆运用效率。合理使用车辆的原则是：车种适合所装货物运输条件的需要。

具体要做到：承运人应按照运输合同约定的车种拨配适当的车辆，这是承运人应尽的义务之一。如无适当的货车拨配，在征得托运人同意并保证货物安全完整和装卸作业方便的条件下可以代用其他车辆。承运人应拨配状态良好、清扫干净的货车装运货物，这也是承运人履行货物运输合同应尽的义务之一。

3. 装车前的检查

为了保证装车工作的质量，使装车工作顺利进行，监装货运员在装车前一定要认真做好以下"三检"工作：

（1）检查货物运单。检查货物运单的记载内容是否符合运输要求，有无漏填和误填。

（2）检查待装货物。按照货物运单记载内容认真核对待装货物的品名和货物状态是否符合要求。

（3）检查货车。主要检查货车是否符合使用条件；货运状态是否良好，包括车体、车门、车窗、盖、阀是否完整良好，车内是否干净，是否被毒物污染；货车定检是否过期，有无扣修通知、色票、货车洗刷回送标签或通行限制。检查货车时，发现有不符合使用的情况应采取适当措施，必要时应更换车辆。

4. 装车作业的基本要求

货物的装车应做到安全、迅速、满载，这是对装车作业的基本要求。在装车过程中，无论是谁负责装车都应遵守装载加固技术条件。

5. 填写运输票据

货物装车后，货运员应将车种、车号、货车标重记入货物运单内。

运单和领货凭证的"车种、车号"和"货车标重"栏，按整车办理的货物必须填写。在运输过程中，货物发生换装时，换装站应将货物运单和货票丁联原记的车种、车号划线抹消（使它仍可辨认），并将换装后的车种、车号填记清楚，在改正处加盖车站戳记；换装后的货车标记载重量有变动时，应更正货车标重。

为了便于交接和保持运输票据的完整，下列货物的运输票据使用货运票据封套封固后随车递送：

① 国际联运货物和以车辆寄送单回送的外国铁路货车。

② 整车分卸货物。

③ 一辆货车内装有两批以上的货物。

④ 以货运记录补送的货物。

⑤ 附有证明文件或代递单据较多的货物。

封套上各栏应按实际情况填写并加盖车站站名日期戳和带站名的经办人章。封套内运输票据的正确完整由封固单位负责，除卸车站或出口国境站外，不得拆开封套。当途中必须拆开封套时，由拆封套的单位编制普通记录证明（附入封套内）并进行封固，在封口处加盖单位名称的经办人名章。

6. 装车后的检查

为了保证正确运送货物和行车安全，监装卸货运员还需进行装车后的检查工作，此项工作是装车作业的最后工作。具体检查内容有：

（1）检查车辆装载。主要检查有无超重、偏重、超限现象，装载是否稳妥。对装载货物的敞车，要检查车门插销、底开门搭扣。

（2）检查运单。检查运单有无误填和漏填，车种、车号和运单、货运票据封套记载是否相符。

（3）检查货位。检查货位有无误装或漏装的情况。

经检查符合要求后，即可将票据移交货运室，同时将装车结束时间通知运转室或货运调度员，以便取车、挂运。至此，装车作业全部完成。

（五）货物的承运

1. 货票的填制

整车货物装车后，零担货物过秤完了，集装箱货物装箱后或接收重箱后，货运员将签收的运单移交货运室填制货票，核收运杂费。

货票（见表1.2.2、表1.2.3）是铁路运输货物的凭证，是一种具有财务性质的票据。它是清算运输费用、确定货物运到期限、统计铁路所完成的工作量和计算货运工作指标的依据，因此必须正确填制。

表 1.2.2　货票丁联式样

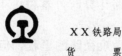

ＸＸ铁路局
货　票　　　　　丁联

计划号码或运输号码：　　　　运输凭证：发站→到站存查　　　No.A00000

发站	到站（局）		车种车号		货车标重	承运人/托运人装车
经由		货物运到期限	施封号码铁路蓬布号码			
运价里程		集装箱箱型	保价金额		现付费用	
托运人名称及地址				费别	金额	费别	金额
收货人名称及地址							
货物品名	品名代码	件数	货物重量	计费重量	运价号	运价率	
合计							
集装箱号码							
记　事				合计			

卸货时间　月　日　时	收货人盖章或签字	到站交付日期戳	发站承运日期戳
催领通知方法			
催领通知时间　月　日　时	领货人身份证件号码		
到站收费收据号码		经办人章	经办人章

货票一式四联：甲联为发站存查联；乙联为报告联，由发站每日按顺序订好，定期上报发局；丙联为承运证，交托运人凭以报销；丁联为运输凭证，随货物递交到站存查。除丁联下部外货票各联正面内容完全相同。

填制货票由货运室使用微机制票。整车货物是先装车后制票或平行作业。

货票应根据货物运单记载的内容填写，填写错误时按作废处理。

表 1.2.3　货票丁背面式样

1.货物运输变更事项

受理站	电报号	变更事项	运输杂费收据号码
处理站日期戳		经办人盖章	

2.关于记录事项

编制站	记录号	记录内容

3.交接站日期戳

1.	2.	3.	4.	5.	6.

4.货车在中途站摘车事项

车种、车号、车次、时间	摘车原因	货物发出时间、车次、车种、车号	车种、车号、车次、时间	摘车原因	货物发出时间、车次、车种、车号
摘车日期站戳	经办人盖章		摘车日期站戳	经办人盖章	

"货票第××号"栏，根据该批货物所填发的货票号码填写。

"经由"栏，货物运价里程按最短径路计算时，本栏可不填；按绕路经由计算运费时，应填记绕路经由的接算站名或线名。

"运价里程"栏，填写发站至到站间最短径路的里程，但绕路运输时，应填写绕路经由的里程。

"承运人确定重量"栏，货物重量由承运人确定的，应将检斤后的货物重量，按货物名称及包装种类分别用公斤填记。"合计重量"栏填记该批货物总重量。

"计费重量"栏，整车货物填记货车标记载重量或规定的计费重量；零担货物和集装箱货物，填记按规定处理尾数后的重量或起码重量。

"运价号"栏，按"货物运价分类表"规定的各该货物运价号填写。

"运价率"栏，按该批货物确定的运价号和运价里程，从"货物运价率表"中找出该批（项）货物适用的运价率填写。运价率规定有加成或减成时，应记明加成或减成的百分比。

"发站承运日期"由发站加盖承运当日的车站日期戳。

车站在货物运单和货票上加盖车站日期戳并收清费用后，即将领货凭证和货票丙联一并交给托运人。

2. 货物承运

整车货物装车完毕并核收运费后，发站在货物运单上加盖车站日期戳时起即为承运。

承运表示货物运输合同成立、承诺生效，从承运时起承托双方就要分别履行运输合同的义务和责任。因此，承运意味着铁路负责运输的开始，是承运人与托运人双方划分责任的时间界线。同时，承运标志着货物正式进入运输过程。

四、货物途中作业

货物在运输途中发生的各项货运作业均称为途中作业。

（一）途中作业形式

货物的途中作业包括货运交接检查、特殊作业及异常情况的处理。

货运交接检查是途中必须进行的正常作业。

特殊作业包括：整车分卸货物在分卸站的分卸作业，托运人或收货人提出的货物运输变更的处理等。

异常情况的处理是指货车运行有碍运输安全或货物完整时须作出的处理，如货车装载偏载、超载或货物装载移位须进行的换装或整理及对运输阻碍的处理。

（二）货运交接检查

为了保证行车安全和货物安全，划清运输责任，对运输中的货物（车）和运输票据要进行交接检查，并按规定处理。

1. 货运检查站

货运检查站是列车运行途经有技术作业或无技术作业但停车时间在 35 min 以上的技术作业站。货运检查站分为路网性和区域性货运检查站。路网性货运检查站是指铁道部公布的编组站；区域性货运检查站是指除路网性货运检查站外，铁路局管内进行货运检查作业的技术作业站。区域性货运检查站由铁路局自定，报铁道部备案、公布。铁路局间交接货运检查站的撤销应报铁道部批准、公布。铁路货运检查员主要承担铁路运输过程中的货物（车）交接检查工作，是铁路行车的主要工种。

铁路货运检查实行区段负责制，即指在对货物列车的交接检查中，按列车运行区段划分货运检查站责任的制度。

中间站停车及甩挂作业的货物列车，由车站负责看护，保证货物安全，发生问题要及时处理。中间站应保证货物列车安全继运到下一货运检查站。

货运检查站应设置货运检查值班员岗位，负责货运检查的现场组织工作，并按照每列车双人双面检查作业的要求配齐货运检查员。

货运检查站应有货运检查工作日志、收发文件电报登记簿、普通记录和施封锁的发放、使用和销号登记簿、换装整理登记簿、加固材料使用登记簿、交接班簿等报表和台账。

2. 货运检查的内容

（1）装载加固：货物是否倾斜、移位、窜动、坠落、倒塌和撒漏；在设有超偏载仪的车站，还应检查货车是否超载、偏载；加固材料、装置是否完好无损；货物超限装载和特定区段装载限制是否符合有关规定；加固绳索、铁线捆绑拴结是否符合规定。

（2）篷布苫盖：篷布苫盖是否符合规定。

（3）货车门、窗、盖、阀和集装箱：货车门、窗、盖、阀是否关闭良好；使用平车（含专用平车）装集装箱时，箱门是否关闭良好；专用平车装载集装箱是否落槽，普通平车装载集装箱是否按加固方案进行加固。

（4）其他：对无列检作业的车站，货运检查人员还应检查自动制动机的空重位置，不符合要求时应进行调整。

（5）规定需要检查的其他项目。

（6）铁道部规定的其他事项。

3. 货运检查程序

货运检查基本程序为计划安排和准备、到达列车预检、检查、整理。

（1）计划安排和准备：车站调度员（值班员）应及时将班计划、阶段计划、变更计划下达给货运检查人员；车站调度员（值班员）或有关人员应在列车到达前或出发列车编组完毕后，按接发列车作业标准，将到发车次、股道、时刻、编组辆数等有关信息通知货运检查人员；货运检查员接到作业任务后，应掌握到达（出发）列车车次、股道、时刻、编组内容重点车情况，作业时，应携带作业工具和作业手册。

（2）到达列车预检：在列车到达前 5 min，货运检查员应出场立岗，在列车到达、通过时对列车进行目测预检。

（3）检查：两侧货运检查员应从车列的一端同步逐车进行检查，对重点车进行记录；货运检查员对车列首尾的车辆，应涂打检查标记；车列检查、整理应在规定的技术作业时间内完成；车列检查、整理完毕后，货运检查员应及时报告；在实行区段负责制的区段（有运转车长值乘的列车除外），货运检查员发现的问题应及时妥善处理。需拍发电报时，应于列车到达后 120 min 内以电报通知上一货运检查站，必要时抄知有关单位和部门。需编制记录的，按规定编制。

（4）整理：货车整理分为甩车整理和在列整理。

货运检查作业应在规定的技术作业时间内完成，检查作业和在列整理完毕后及时向车站调度员（值班员）报告，未接到货运检查作业完毕的报告，不准动车。

货运检查作业时，应采取有效的防护措施，确保货运检查人员的人身和作业安全。

4. 货运检查发现问题的处理

发现异状时应及时处理。问题的处理方法根据在装车站或在其他站而异，包括不接收、由交方编制记录、补封、处理后继运，车站换装或整理，苫盖篷布，拍发电报等。

货车整理：对危及行车和货物安全需甩车整理的货车，货运检查人员应通知车站值班员甩车处理。可不甩车整理的，应在列整理。

（1）在列整理。

对发生装载加固、篷布苫盖、门窗盖阀等方面问题的，不需要摘车处理时，应在设置好防护后由货运检查员和整理工共同对车列内需整理货车进行整理。

预计整理时间超过技术作业时间时，货运检查员应及时向车站值班员报告。

在列整理时，货运检查员应按有关规定进行作业，确保人身安全。

（2）摘车整理。

对危及行车安全又不能在列整理的车辆，货运检查员应报告车站值班员摘车整理。摘车整理时应做好防护工作，不允许在挂有接触网的线路（设有隔离开关的线路除外）整理车辆。

货物换装：在运输中发生甩车处理的货车，不能原列安全继运的，以及因车辆技术状态不良，经车辆部门扣留需要换车时，应进行换装处理。进行换装时，应选用与原车类型和标记载重相同的货车，并按照货票检查货物现状，如数量不符或状态有异，应编制货运记录。对因换装整理卸下的部分货物，应予以及时补送。

换装整理的处理：换装整理的时间不应超过 2 天，如 2 天内未整理完毕时，应由换装站以电报通知到站，以便收货人查询。换装整理的费用，属于铁路责任时，由铁路内部清算；属于托运人责任的，应由到站向收货人核收。经过换装整理的货车，不论是否摘车，均应编制普通记录，证明换装整理情况和责任单位，并在货票上丁联背面记明有关事项。

普通记录及交接电报：普通记录是货物在运输过程中，发生换装、整理或在交接中需要划分责任以及依照其他规定需要编制时，当日按批（车）编制的一种凭证。

无运转车长值乘的列车，接方进行货运检查发现问题后，按规定拍发的电报作为有车长值乘时交方出具的普通记录。

电报的内容应包括列车的车次、到达时分、车种、车号、发站、到站、品名、发现问题及简要处理情况，需编制记录时按规定要求编制，并将记录粘贴在货票丁联背面或封套背面，无法粘贴的随封票交接。

车站对交接电报应建立登记制度，自编号码，妥善保管。

5．交　接

运输票据由编组列车的车站封固并与机车乘务组实行封票签字交接。列车运行中在车站更换机车时，由更换地所在车站检查封固状态，并负责传递。机车乘务人员负责将票据完整地传递至列车终到站、甩挂作业站，并与车站办理票据签字交接，没有车站签字不得退勤，发生票据丢失应追查当事人责任；途中临时甩挂车作业时，由车站编制普通记录后启封处理，并将运输票据连同普通记录重新封固。

车站与机车乘务员应在商定的地点进行地面交接。

无运转车长值乘的列车货物检查、交接的内容，以及发现问题的处理方法，按规定办理。

（三）货物运输合同变更和解除

货物运输合同签订后，承托双方都应信守合同，严格履行。承、托双方均不得任意变更，谁任意变更谁就要负法律责任。但由于托运人或收货人的特殊原因，货物承运后，托运人或持有领货凭证的人可以向承运人提出变更和解除运输合同的要求。

1．货物运输合同的变更

（1）变更的项目：托运人在货物托运后，由于特殊原因需要变更的，经承运人同意，对承运后的货物可以按批在货物所在的途中站或到站办理变更到站和收货人。

由于货物运输合同的变更打乱了正常的运输秩序，降低了货物计划运输质量，有时还要增加货车在途的调车作业和非生产停留时间，增加作业费用，延缓货物的送达，因此，铁路对货物运输合同的变更应采取限制措施。

（2）遇特殊情况货物需变更卸车站时必须遵守的规定：必须由托运人或收货人提出书面申请；必须和原到站在同一径路上；因自然灾害影响变更卸车地点时，应及时通知收货人；局管内变更卸车站，以铁路局调度命令批准；跨铁路局变更卸车站原则上不办理，确需变更时以铁道部调度命令批准。

（3）铁路不办理变更的情况：违反国家法律、行政法规、物资流向、运输限制和蜜蜂的变更；变更后货物运到期限大于容许运输期限的变更；变更一批货物中的一部分；第二次变更到站。

2．货物运输合同的解除

整车货物和大型集装箱在承运后挂运前，零担和其他型集装箱在承运后装车前，托运人可向发站提出取消托运，经承运人同意，运输合同即告解除。

解除合同后，发站退还全部运费与押运人乘车费，托运人也应按规定支付保管费等费用。

3．变更和解除合同的程序

托运人要求变更和解除运输合同时，应提出领货凭证和货物运输变更要求书，提不出领货凭证时，应提出其他有效证明文件，并在货物运输变更要求书内注明。

货物运输变更由车站受理，但整车货物变更到站受理站应报主管局同意。车站在处理变更时应在货票记事栏内记明变更的根据，改正运输票据、标记（货签）等有关记载事项，并加盖车站日期戳或带有站名的名章。变更到站时，应电知新到站及其主管局收入检查室和发站。办理货物运输变更或取消托运时，托运人或收货人应按规定支付费用。

（四）运输阻碍的处理

因不可抗力（如风灾、水灾、雹灾、地震等）的原因致使行车中断、货物运输发生阻碍时，铁路局对已承运的货物可指示绕路运输；或者在必要时先将货物卸下，妥善保管，待恢复运输后再装车继续运输，所需装卸费用由装卸作业的铁路局负担。

五、货物到达作业

货物在到站进行的各种货运作业称为到达作业。货物经过到达作业后，货物运输技术作业过程即告结束，至此，运输合同即告终止。

（一）重车到达与票据交接

列车到达后，车站应派人接收重车。交接货车时，应详细进行票据与现车的核对，对现车的装载状态进行检查，并与车长或列车乘务员办理重车及货运票据的交接签证。

运转室将到达本站卸车的重车票据登记后移交货运室。

（二）货物卸车作业

卸车是整个运输过程的重要环节之一，是到站工作组织的关键。正确及时地组织卸车作业，能够缩短货车周转时间，提高货车使用效率，保证排空任务和装车的空车来源。

车站必须认真贯彻"一卸、二排、三装"的运输组织原则，认真做好卸车工作。

1．卸车前检查

为使卸车作业顺利进行，防止误卸并确认货物在运输过程中的完整状态，便于划分责任，卸车货运员应根据货调下达的卸车计划，在卸车前认真做好以下三方面的检查：

（1）检查货位：主要检查货位能否容纳下待卸的货物，货位的清洁状态，相邻货位上的货物与卸下货物性质有无抵触。

（2）检查运输票据：主要检查票据记载的到站货物与实际到站货物是否相符，了解待卸货物的情况。

（3）检查现车：主要检查车辆状态是否良好；货物装载状态有无异状；现车与运输票据是否相符。检查现车有可能发现影响货物安全和车辆异状的因素，因此应认真进行。

2. 监卸工作

作业开始之前，监装卸货运员应向卸车工组详细传达卸车要求和注意事项，应合理使用货位，按标准进行码放，对于事故货物则应编制记录。此外，应注意作业安全，加快卸车进度，加速货车周转。

3. 卸车后检查

（1）检查运输票据。检查票据上记载的货位与实际堆放货位是否相符；货票丁联上的卸车日期是否填写。货票丁联"卸货时间"由到站按卸车完毕的日期填写。

（2）检查货物。主要检查货物与运单是否相符，堆码是否符合要求；卸后货物安全距离是否符合规定。

（3）检查卸后空车。主要检查车内货物是否卸净和是否清扫干净；车门、窗、端侧板是否关闭严密。

此外，还需清理好线路，托运人自备的货车装备物品和加固材料应妥善保管。

卸下的货物应登入"卸货簿"（或"集装箱到发登记簿"）或卸货卡片内，并将卸完的时间通知货运室记入货票丁联左下角有关栏内，并报告货调，以便取车。

4. 货车的清扫、洗刷和除污

货车卸空后，负责卸车的单位应将货车清扫干净，关闭好车门、车窗、端侧板、盖、阀。

收货人组织卸车的货车，未进行清扫或清扫不干净时，车站应通知收货人补扫。如收货人未补扫或仍未清扫干净，车站应以收货人的责任组织人力代行补扫，并向收货人核收货车清扫费和延期使用费。

（三）货物到达通知

货物到达后，承运人应及时向收货人发出催领通知，这是承运人履行运输合同应尽的义务，同时也是为了使货物尽快搬出货场，以腾空货位，提高场库使用效率，加速货物流转。

由铁路组织卸车的货物，发出催领通知的时间应不迟于卸车结束的次日；通知的方式可采用电话、书信、电报、广告等，也可与收货人商定其他通知方式。货票丁联上的"到货通知时间"按发出到货催领通知的时间填写。

对到达的货物，收货人有义务及时将货物搬出，铁路也有义务提供一定的免费保管期间。免费保管期间规定为：由承运人组织卸车的货物应于承运人发生催领通知的次日起算，不能实行催领通知或会同收货人卸车的从卸车次日起算，2 天内将货物搬出则不收取保管费。超过此期限未将货物搬出，对超过的货物核收暂存费。规定免费保管期间的目的是避免收货人长期占用货场，保持货场畅通。

根据具体情况，铁路局可以缩短免费保管期间 1 天，也可以提高货物暂存费率，但提高部分不得超过规定费率的 3 倍，并应报告当地人民政府和铁道部备案，车站站长可以适当延长货物免费暂存期限。

货物运抵到站后，收货人应及时领取。拒绝领取时，应出具书面说明，自拒领之日起，3 天内到站应及时通知托运人和发站，征求处理意见。托运人自接到通知次日起 30 天内提出处理意见答复到站。

（四）交付工作

交付工作包括票据交付和现货交付两部分。

1. 票据交付

收货人要求领取货物时，须向铁路提出领货凭证或有效证明文件，经与货物运单票据核对后，由收货人在货票丁联上盖章或签字，收清一切费用，在运单和货票上加盖交付日期戳。

收货人为个人的，还需本人身份证；收货人为单位的还需由该单位出具所领货物和领货人姓名的证明文件及领货人本人身份证。不能提出领货凭证的，可凭车站同意的有经济担保能力的企业出具担保书取货。

收货人以证明文件领取货物时，必须注明货物的发站、托运人、收货人、货票号码、品名、件数和重量，并且与运输票据的记载完全相符，否则，不予交付。证明文件上还应注明领货人身份证号码。

2. 现货交付

交付货运员凭收货人提出的货物运单向收货人点交货物，然后在货物运单上加盖“货物交讫”戳记，并记明交付完毕的时间，将运单交还收货人，凭此将货物搬出货场。

由承运人组织卸车或发站由承运人组织装车到站由收货人组织卸车的货物，在向收货人点交货物或办理交接手续后，即为交付完毕；发站由托运人组织装车，到站由收货人组织卸车的货物，在货车交接地点交接完毕，即为交付完毕。

货物运输合同的履行是从承运开始至货物交付完毕，因此，交付完毕意味着铁路履行运输合同就此终止，铁路负责运输就此结束。

（五）货物搬出

收货人持有加盖“货物交讫”的运单将货物搬出货场，门卫对搬出的货物应认真检查品名、交付日期与运单记载是否相符，经确认无误后放行。

六、货物作业程序及标准

货物作业程序及标准见表 1.2.4。

表 1.2.4　货物作业程序和标准

程序	项目	作业内容	质量标准
1. 受理作业			
受理	检查货物运单填记	（1）逐项检查托运人提供的运单，填记是否齐全；更改处是否盖章； （2）检查有无托运人签章	（1）货物运单填写符合《货规》要求； （2）托运的货物符合运输条件； （3）货物运单与领货凭证的相同栏填写一致
	检查到站	（1）检查到站、站名、局别，填写是否正确； （2）检查符合到站营业办理限制，有无停止受理命令；	（1）符合货物运价里程表的规定； （2）收货人地址中的省、市、自治区、县名称具体准确，符合实际；

程序	项目	作业内容	质量标准
1. 受理作业			
受理	检查到站	（3）检查到站所属省、市、自治区与收货人地址是否相符； （4）检查是否符合到站卸车起重能力	（3）办理限制和起重能力的规定
	确认货物品名	（1）检查货物实际品名填写与运单填写是否一致； （2）检查货物品名是否属于危险货物	（1）无匿报货物品名现象； （2）不违反运价分类表的规定； （3）不违反政令的限制； （4）化工新产品理化性质不清者，必须经铁路专门检验机构提出规定证明
	审查凭证	（1）检查凭证运输中的证明文件是否符合规定； （2）检查证明文件是否在货物运单内注明	（1）证明文件与运单同时提出，在运单托运人记事栏内注明文件名称和号码； （2）受理后在证明文件背面注明数量，加盖车站日期戳留存
	确定装载加固方案	（1）按照货物规格检查货物装载加固方案； （2）检查装载加固材料	（1）符合《加规》附件一和《路局定型方案》规定的方案号； （2）填写装载加固控制单受理部分； （3）加固材料及装置必须齐全，符合《加规》规定； （4）无方案的由车间逐级上报审批后承运
装车	车前会	（1）向工组传达货物的货位、数量、去向、装载方案及时间要求； （2）介绍重点货物，提出安全措施	（1）装载加固符合要求，码放高度符合规定； （2）防滑材料质量、数量符合规定； （3）布置任务明确、重点突出
	监装	（1）向线路值班员或计划货运员汇报装车车种、车号、到站及开始装车作业时间，预计装完时间； （2）指导工组装车，纠正违章作业，掌握作业进度； （3）按规定会同有关人员监装重点货物； （4）填制重点货物、笨重货物装载示意图； （5）检查货物装载加固以及货车的门窗关闭状态； （6）检查作业范围内有无遗漏货物；	（1）核对运单、货物、货位，做到"三统一"； （2）认真监装，做到不错装、不漏装、巧装满载，无偏载、偏重、超载、集重、亏吨、倒塌、坠落和超限； （3）敞平车装载的货物按方案装车，严禁无方案装车； （4）使用棚车装载时，车门处货件码放高度不得超过 1.5 米，并逐层收缩，梯形码放牢固，严禁挤压车门，且与车门距离不得大于 100 毫米； （5）散堆装货物落实"四卡死"； （6）自轮运转，容易旋转的货物要将活动部位固定，签订锁定保证书一式两份，一份交托运人，一份留存，并对锁定部位拍照；

续表 1.2.4

程序	项目	作业内容	质量标准
1. 受理作业			
装车	监装	（7）按规定施封或检查篷布苫盖情况； （8）报告装车结束时间	（7）装运生铁、钢球、带钢时，敞车车门全用 10 号以上铁线拧固，其他钢材、设备中门下销必须加固； （8）使用篷布苫盖货物时，两篷布搭头不小于 500 毫米，篷布外苫绳网、绳网上用 6 道绳索加固捆绑
装车后处理	装车后检查	（1）核对货区存留和装车剩余货物； （2）检查是否完成附属作业	（1）使用棚车需要施封的按规定施封，并用 10 号铁线将车门上销拧紧； （2）整理装后剩余货物，用篷布苫盖或搬入指定货位； （3）需要限速连挂、禁止溜放及连挂车组不得分摘的车辆，插放货车表示牌，在货车两侧制作标志牌，用油漆书写； （4）车门加固线应拧 4 扣，剪断余尾； （5）加固铁线和绳索的余尾长度不超过300 毫米； （6）按车填写装载方案控制单
	车后会	（1）总结本次装车作业情况； （2）签证装卸作业单； （3）填写装车承运簿及有关台账	（1）总结突出重点； （2）签单实事求是； （3）填写正确及时
	票据移交	（1）复查票据到站、车种、车号； （2）登记交接簿，向有关人员传送票据	（1）填写正确真实，符合规定，字迹清楚； （2）票据交接签认
2. 核算制票			
核算作业	制票	（1）复查货物运单有关承运事项填记，证件是否齐全有效； （2）按规定查定货物运价里程，确定所适用的货物运价； （3）打印货票，并在货物运单上加盖承运日期戳记； （4）登记票据移交簿，移交运转车号员； （5）按规定传输货票数据	（1）应附凭证齐全有效； （2）运杂费计算正确无误； （3）微机制票必须四联一次打印； （4）达到"四不制票"即：到站不明不制票；品名不清不制票；收货人地址不详不制票；付款方式不落实不制票； （5）加盖的车站日期戳记必须清晰，且为同一枚戳记； （6）票据交接必须签认； （7）按日（班）准确及时传输上报有关数据

34

程序	项目	作业内容	质量标准
2. 核算制票			
核算作业	复核	（1）对当日打印货票进行自控； （2）对同工种人员进行互控； （3）次日上报之前进行货票总检	票款订正不超过规定指标
	收款	（1）根据票据记载金额，现金当面点清，款额相符； （2）核收转账支票，确认戳记和签发日期是否有效，根据票据核对支票用途、金额（限额）； （3）按规定核收运杂费迟交金； （4）将收款收据、领货凭证交给托运人； （5）每日 18：00 将已填制的货票、杂费收据、代收款收据等按顺序整理，分项汇总，填制票据整理报告	（1）账款分管，无漏收、无错收、无溢收； （2）支票、多余款按原账号退还； （3）现金保管妥善； （4）票据填报正确及时
	总款缴款	（1）将每日填记的各种票据按交款单位和票据各类分别登记款额，分项加总，并与各该票据整理核对； （2）填写现金、支票、结款单、银行结算托收凭证，连同现金、支票送交专户银行； （3）填写运输进款收支报告，连同票据移交总账负责； （4）向欠款单位及时催缴； （5）按照各类票据整理报告、欠补款报告、退款证明书、垫款通知书等核对运输进款收支报告； （6）定期与银行对账	（1）账款相符，结交及时； （2）现金在途中时间符合规定； （3）托收凭证填写完整、金额正确； （4）各种报告统计准确、上报及时； （5）银行对账单与收支金额相符；
3. 卸车作业			
卸车前准备	接车	（1）向货调报告货区、货位情况接受送车通知； （2）检查到达票据和装载清单记载项目制定卸车计划安排卸车货位； （3）上岗接车，检查货物安全距离，送车时联系调车组对准库门、货位； （4）确认并抄录车种、车号	（1）安全距离符合标准； （2）停车位置便于卸车； （3）抄录内容无漏无错

程序	项目	作业内容	质量标准
3. 卸车作业			
卸车前准备	卸车前检查	（1）检查货位情况； （2）根据运输票据记载核对现车； （3）检查车体、门窗、施封、装载及篷布苫盖情况； （4）通知装卸派班员派班作业	（1）票车相符、无差错； （2）货位干净、无异物
	车前会	（1）向卸车工组介绍所卸货物的件数，指定货位，提出作业时间要求； （2）提出注意事项和保证货物安全的要求	（1）要求明确，布置周密； （2）拆封符合规定
卸车作业	监卸	（1）向货调汇报卸车车号、发站及开始卸车时间； （2）根据运输票据（卸车清单）指导工组卸车，逐批检查清点核对，在运输票据（卸车清单）上注明货位号； （3）指导装卸工组装卸作业，指导装卸工组码放货物； （4）整理散破货件，必要时进行检斤处理，对附有记录的货物，核对记录内容与货物现状是否相符； （5）掌握作业进度，向货调汇报预计卸完时间和实际卸完时间	（1）卸车不离岗； （2）无混批串件、无错卸、无漏卸； （3）货物码放符合有关标准和规定，货位使用合理； （4）汇报及时准确
卸车后处理	卸后检查	（1）检查车内、作业范围内有无残留货物，是否清扫干净； （2）检查货车门、窗关闭状态； （3）检查附属作业是否完成； （4）检查货物是否送入指定货位； （5）对需要洗刷、除污的粘贴标签，填写回送单	（1）无漏卸、错卸、票货相符，货位正确； （2）车门、车窗及端侧板关闭良好； （3）附属作业情况符合规定； （4）回送洗刷、除污、消毒车辆办理正确； （5）安全距离符合规定
	车后会	（1）总结本班作业情况； （2）签证装卸工作单	实事求是，签证真实
	票据移交	（1）整理到达票据； （2）按批登记卸货簿、卸货卡； （3）在票据上填记卸货日期、卸车工组和卸车货运员	（1）登记正确、无错登、漏登； （2）交接签认责任分明

程序	项目	作业内容	质量标准
3. 卸车作业			
卸车后处理	编制记录	（1）按规定编制货运记录； （2）发现原有记录与现货不符，当日编制补充货运记录； （3）与安全室办理货运记录、封套、封印交接	记录编制符合《事规》规定
4. 交付保管作业			
到货催领	发出催领通知	（1）在卸车结束的次日用电话或书信，向收货人发出催领通知并在货票内记明通知的时间方法； （2）地址不详时，与发站联系	通知及时，无漏、无误
	过期拒领	（1）对逾期未领的货物，主动查询，再次催领； （2）对拒领货物，在规定时间内联系发站和托运人，征求处理意见	办理手续符合规定
票据交付	查验领货凭证	（1）查验领货凭证，确认正当收货人，确认收货人名称及领货人证件； （2）遇有未到货物，在领货凭证背面盖加车站日期戳证明货物未到； （3）从承运人发出催领通知次日起，经过查找，满 30 日仍无人领取的货物或收货人拒领，托运人又未按规定期限提出处理意见的货物，交安全室按无法交付处理	确认无误
	换票	（1）凭领货凭证或证明、身份证办理换票手续； （2）在货票丁联上加盖收货人名章注明证件名称号码，并将领货凭证或证明粘贴在货票丁联背面； （3）核收运杂费，收回垫款，需要填写特价运输证明书的根据货物运单填写后，加盖车站日期戳交收货人； （4）在货物运单上加盖车站交付日期戳及有关收费戳记，将货物运单以及随货同行的单据交付收货人； （5）在货票丁联上加盖车站交付日期戳记和经办人名章证明运杂费收据号码。整理货票丁联，装订成册妥善保管	（1）换票迅速准确；凭证齐全有效； （2）项目填写和签证无误； （3）收费正确，无错收，无漏收

实训练习

1. 天津京铁鑫诚国际货运代理有限公司在东大沽站发送一车铁矿粉，到站为沙河驿镇，收货人为中国首钢国际贸易工程公司，运价里程 133 km，自装卸，保价 1.5 万元，其他条件自设。请两人一组，分别作为托运人和承运人填写货物运单。

2. 甲站 5 月 10 日承运一车铁矿粉，于 5 月 19 日到达丙站。运单、货票上填写的托运人为吴安，收货人为"S 公司代周鹤收"，货物保价金额 12 万元。当日 S 公司业务员赵旭带着领货凭证和 S 公司委托书来领货。领货凭证收货人为"周鹤"，领货凭证未记载货票号码。

（1）正常情况下如何办理交付手续？什么情况不能办理交付？

（2）丙站货运员能否办理交付手续？为什么？

任务 3 煤炭的运输组织

 任务描述

本任务具体介绍了固态散装货物的运输组织，重点训练学生煤炭运输组织作业过程。通过本任务的学习，使学生掌握货车容许载重量的确定，掌握散装货物划线装车原理与操作步骤，掌握散堆装货物装载作业过程，理解专用线专用铁路运输等相关知识，最终使学生能够根据设定任务完成煤炭运输组织作业。

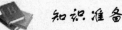 知识准备

散堆装货物（如煤、碎石、砂、木材等货物）单位体积重量大，使用敞车装运均能达到货车标记载重量。但是，该类货物装多了会影响车辆运行安全，装少了又浪费货车载重量。为了正确确定装载货物的重量，通常采用轨道衡确定货物重量；在不具备条件的地方，则采用测量货物体积的方法确定货物重量。

一、货车容许载重量

（一）货车容许载重量的计算

货车容许载重量包括以下三部分的重量：

（1）货车的标记载重量（$P_{标}$）；

（2）特殊情况可以多装的重量（$P_{特}$）：即货物包装、防护物重量影响货物净重或机械装载不易计算件数的货物，装车后减吨有困难时可以多装，但不得超过货车标记载重量的 2%；

（3）货车的增载量（$P_{增}$）。

因此，货车容许载重量可用公式表示为：

$$P_{容}=P_{标}+P_{特}+P_{增}$$

（二）货车增载的规定

（1）使用 60t 平车装运军运特殊货物，允许增载 10%。

（2）国际联运的中、朝、越铁路货车，以标记载重量加5%为货车容许载重量。

（3）标重为60t的C61、C62B、C63、C64型敞车，装运煤炭、矿石等散堆装货物时可增载2～3t，具体见表1.3.1。

表 1.3.1　增载货车车型、适装货物品类及允许增载重量表

序号	增载货车车型	适于增载货物品类	最大允许增载量
1	C61（含 C61T、C61K）、C62B（含 C62BK、C62BT）、C63（含 C63A）、C64（含 C64A、C64H、C64K、C64T）型敞车	《铁路货物运价规则》附件一中01类煤，03类焦炭，04类金属矿石中0410铁矿石、0490其他金属矿石，05类0510生铁，06类非金属矿石中0610硫铁矿、0620石灰石、0630铝矾土、0640石膏，07类磷矿石，08类矿物性建筑材料中0811中泥土、0812砂、0813石料、0898灰渣等中的散堆装货物	3t
2	C61（含 C61T、C61K）、C62B（含 C62BK、C62BT）、C64（含 C64A、C64H、C64K、C64T）型敞车	除序号1所述品类外的其他适合敞车装运的货物	2t
3	C62A、（含 C62AK、C62AT）型敞车	适合敞车装运的货物	2t
4	C16（含 C16A）、C5D、C61Y（C61YK）、C62（含 C62M）、C65、CF 型敞车；企业自备车中标记载重60t及其以上的敞车	《铁路货物运价规则》附件一中01类煤	2t
5	P62N（含 P62NK、P62NT）、P63（含 P63K）、P64（含 P64A、P64AK、P64AT、P64GH、P64GK、P64GT、P64K、P64T）、P65（含 P65S）型棚车	适合棚车装运的货物	1t（行包专列中 P65 的装载重量按有关规定执行）

注　① 煤、焦炭、石油焦、铁精矿、河砂、矿渣、炉渣增载3t。
　　② 油页岩（0691）、高岭土（0699）增载2t。
　　③ 涂打有禁增标记的货车。
　　危险货物按照《铁路危险货物运输管理规则》的规定办理，严禁增载。
　　在允许增载规定范围内的货物重量超过标记载重量的，按货物实际重量计费。
　　未经铁道部批准，任何单位不得擅自扩大增载范围。

（三）不允许增载的车种车型

铁路不允许增载的车种车型主要包括以下几种：

（1）企业自备车中标记载重 60 t 及其以上敞车外的其他车种车型；

（2）P_{13}、P_{60}、P_{61}、P_{62}（含 P_{62K}、P_{62T}）、P_{70} 等型棚车；

（3）N_6、N_{15}、N_{16}、N_{17}（含 N_{17A}、N_{17K}、N_{17AK}、N_{17AT}、N_{17G}、N_{17GK}、N_{17GT}、N_{17T}）、N_{60} 等型平车；

（4）罐车（G）、矿石车（K）、家畜车（J）、水泥车（U）、粮食车（L）、保温车（B）、集装箱车（X）、共用车（NX）、毒品车（W）、长大货物车（D）以及长钢轨运输车（T）。

二、固态散装货物划线装车

采用测量货物体积的方法确定货物重量时，首先应正确测量货物单位体积重量，然后再根据使用车型的长、宽，计算出货物在车内应装载的高度，其计算公式如下：

$$H_{货} = \frac{P_{标}}{LBr}$$

式中：$H_{货}$——货物应装载的高度（m）

$P_{标}$——货车标记载重量（t）；

L——车辆内部长度（m）；

B——车辆内部宽度（m）；

r——货物单位体积重量（t/m^3）。

为了工作需要，对各种车型可事先计算出货物应装载的高度，组织装车时，首先在车辆侧板上或车厢内四周用粉笔标出应装载的高度，货物装到标记高度，然后整平，就知道达到了货车标重。

三、散堆装货物装载作业过程

（一）货物受理

进行货物测比时，测定货物密度的过程应比照装车工况进行，对每一品种货物应测定 3 次以上，取最大值，密度值小数点后保留 3 位数，第 4 位数一律进位处理。货物密度的测定使用 1 m^3 密度容器，使用汽车衡过磅，过磅后毛重减去容器重量得出货物的密度。货物积压一个季度以上时，重新组织测定货物密度；遇降雨后重新测定货物密度。测比作业使用装载机比照装车时的工况将货物夯实充满，以减少误差。由于货物的含水量、颗粒度、质量等发生变化，可以根据实际变化情况，随时测定货物密度。

根据货物密度按车型打印装车高度表，测比后由托运人与铁路签订《散堆装货物铁路运输安全协议书》。

严格控制散堆装货物的受理条件，受理计划时，须认真审核托运人资质、到站营业办理限制并严禁超出《铁路专用线专用铁路名称表》发送品类范围，认真审核货物运单及领货凭证各栏填记内容，检查应附证明文件及各种资料是否齐全，有无违反国家政策法律法规及运输办理限制。

（二）装车作业

托运人根据测定的货物密度向装车地点申请日计划时，由计划员根据申报所装货物的情况，在运货五上记明所装货物的密度。

严格选择车辆：通用敞车。装车前必须认真检查车门技术状态是否良好，配件是否齐全，对不能保证运输安全的车辆严禁使用，包括：敞车车体胀出；敞车端侧墙、车底、车门有漏洞；开焊包括车底、端侧墙、中小门轴；车底、端侧墙腐蚀，车体及中小门变形；敞车中门上、下，小门双销变形不能入槽的，或中门上、下小门双销丢失、损坏只有一个门销的；少中小门轴、中门上销拉杆缺失损坏、小门轴合页折断、锁铁、搭扣关键部件缺失、损坏的。

装车前按照制定的装载高度表，由装车单位在车辆内侧标画 6 条货物装载高度线（两侧板各两条，两端板各一条），画线长度不得小于 300 mm，画线须保持水平。

装车时，应均衡装载货物，严禁偏载、偏重、超载，货车装载量必须严格执行《加规》第 14 条的规定，装载吨数超出规定时，超载部分必须卸下。

装车后平整货物顶面，货物高度不能超出画线高度。每车平整标准：使车内货物呈水平状态，严禁出现一头高一头低或鼓包现象，保证平整的货车不偏载、不偏重。装车后对撒漏货物的车门必须使用车门封堵胶封堵车门。每车中、小门缝隙处封堵标准：做到堵实堵牢，不脱落、不断续、不撒漏货物。每车无论中小车门缝隙大小，封堵后应不能从车门缝外部看见内货。装车后对车辆外部的残留货物和杂物必须清扫，清扫车帮上沿、车辆两端每个加强梁上、手闸盘、手闸踏板上、车钩上、两侧门轴上、小门销处、丁字铁上、中门销锁铁、车辆走行部等所有部位的残留物和杂物。车辆外部不能有块、颗粒、渣、粉面等物，达到每车每处都干干净净不能有任何异物。

在雨季，由货运员根据现场货物的湿度、密度，确定下浮装车高度。在冬季作业时，装车前要按规定要求喷洒防冻液，防止冻车。

（三）交接检查

坚持装车从严、发站从严的原则，认真执行装车标准落实、交接检查把关、质量签认放行制度，对所装的货车必须保证车门关闭良好、装载质量达标、车辆外任何部位无残货，确保运输安全。

1. 检查车辆内部

在没有先进检测手段时，货运员必须执行逐车上车检查，检查车辆顶面平整是否符合要求。平整标准是：车内货物呈水平状态，不偏载、偏重。如出现一头高一头低或鼓包现象，应立即重新平整，达到标准后接收。检查车辆上部，人在下面看不见或看不清时货运员必须逐车上车检查车帮上沿、两端加强梁上、手闸盘、手闸踏板上、两侧门轴上是否清扫干净。清扫标准是：不能有块、颗粒、渣、粉面等物，每处都干干净净没有任何异物。所有的地方如有一块、一粒、一渣、一粉面，必须重新清扫。

2. 检查车辆下部

货运员必须逐车检查车钩上、两侧小门销处、两侧丁字铁上、两侧中门锁铁、两侧车辆走行等所有能存留异物的缝隙、坑洼、窝等地方是否清扫干净。清扫标准是，不能有块、颗粒、渣、粉面等物，每处都干干净净没有任何异物。所有的地方如有一块、一粒、一渣、一粉面，必须重新清扫。检查车门封堵情况，货运员必须逐车检查两侧中小门缝隙封堵是否标准。车门封堵标准是：堵实堵牢，不脱落、不断续、不撒漏矿粉。每车无论中小车门缝隙大小，封堵后应从外部看不见内货，否则必须重新封堵车门。检查车门关闭情况，货运员必须逐车检查两侧中小门关闭是否符合标准。车门关闭标准是：小门双销须落锁销实，中门上下门销须入槽销实。按规定捆绑中小门，中门使用 8 号镀锌铁线，小门使用 12 号镀锌铁线捆绑。

经检查合格后，铁路、装车单位、托运人三方于装车现场在"散堆装货物现场检查交接签认单"上签字确认，一列一单，由铁路外勤货运员负责现场组织，各货运车间、中间站保存。

（四）制　票

托运人必须在货运运单记事栏内记明装载货物的密度和车内长宽及货物装载高度。核算员制票完后在记事栏内加盖"衡"或"磅"戳记。值班员在制票后，检查货物运单和货票是否正确，并将装车结束时间通知有关部门。

四、专用线专用铁路运输

（一）专用线（专用铁路）的概念

专用线是指厂矿企业自有的线路，与铁路营业网相衔接，并由铁路负责车辆取送作业的企业铁路。

专用铁路是指货运量较大的厂矿企业自有的线路，与铁路营业网相衔接，具有相应的运输组织管理系统，以自备机车动力办理车辆取送作业的专用线。

对专用线、专用铁路一般统称为专用线，铁路局和站段应设有专人管理。

铁路局对专用线应加强规划、监督和指导，要搞好专用线运输组织和协调。车站应根据管理细则制定具体的管理制度和作业标准，落实保证安全的措施，完成专用线运输组织工作。专用线的运输组织工作和安全管理，要在站长的领导下统一进行。专用线产权单位要为专用线货运员提供必要的工作条件。

（二）专用线管理

1. 运输管理

（1）车站专用线货运员和企业运输员（即企业办理运输的人员）均应经过铁路的专业培训，合格后持证上岗，并应保持人员的相对稳定。

（2）专用线办理的货物运输品类应符合《铁路专用线专用铁路名称表》的规定。需要变更时，要经铁路局批准，由铁道部公布。专用线办理铁路集装箱的运输时，须经铁道部批准；办理自备集装箱的运输时，按《铁路集装箱运输规则》和《铁路集装箱运输管理规则》的规定执行。

（3）专用线内应有足够的装卸车能力，设有专人值班，做到随到随卸，随到随装，专用线货位要专用化，不得随意变更和挪用。

（4）专用线产权单位使用专用线进行铁路运输要与车站签订运输协议。专用线产权单位不得发到与本单位生产、经营无关的货物。企业租用路产专用线须经铁路局批准，由企业、车站及专用线产权单位三方签订协议，报铁路局备案。企业专用线产权变更后的铁路运输，须重新签订协议。路产专用线产权变更要逐级上报，由铁路局批准。

2. 制度管理

（1）岗位责任制。车站与专用线产权单位分别对进入专用线工作的铁路调车人员、货运员和企业运输员、装卸工等制定岗位责任制，明确工作内容、分工和责任。

（2）分区、分线、分库使用制。股道较多、作业量大的专用线，可根据设备的特点和作业性质，实行划分货位、线路固定使用及仓库分库管理负责制。

（3）检查交接制。对在专用线内作业的货物、车辆、篷布等，路企双方必须制定检查交接制度，明确内容和责任。铁路和企业双方应正确填写货车调送单，按规定办理交接。

（4）预确报制度。车站与企业应制定预确报制度，双方指定专人负责。车站向企业通报装车计划、到货情况和取送车预确报。企业向车站通知装卸车结束时间。

（5）统计分析制度。各级铁路货运管理部门和人员，要认真编制和填写报表，建立设备和统计台账。铁路局在每年1月将上一年度的"专用线运用情况表"报铁道部。

（三）专用线作业

1. 送车作业

车站应按企业使用车要求拨配状态良好的货车。车站在向专用线送车前，按协议规定时间向专用线发出送车预、确报。内容包括：空、重车数，车种，货物品名，收货人，去向，编组顺序，送车时间。专用线接到预报后，应立即确定装、卸车地点，并做好接车准备。专用线运输员接到确报后，应及时打开门栏，提前到线路旁准备接车。货车送进后向调车人员指定停车位置，调车人员按其指定股道、货位停车。

货车送到后，企业应对货车上部设备进行检查，检查门、窗、底板、端侧板是否完好，门鼻、门搭扣是否齐全，车内是否干净，有无异味及回送洗刷、消毒标志等，确定是否适合所装货物。如不适用应采取改善措施，必要时，可向车站提出调换。

2. 装车作业

装车时应充分利用货车的载重力和容积，但不得超过货车容许载重量。货物的装载必须防止超载、偏载、集重、亏吨、倒塌、超限和途中坠落。企业运输员要负责监装，向装车人员说明注意事项，随时检查装载加固是否符合规定。

装车后，企业运输员负责检查车门、窗、盖、阀是否关闭妥当，需要施封的货车按规定施封，需苫盖篷布的货物按规定苫盖好篷布。然后填写装车登记簿，通知车站装车结束时间。

3. 卸车作业

卸车时企业运输员要向卸车人员说明注意事项，提示卸车重点，检查安全防护设施，并负责监卸。

卸车后企业应负责：将车辆清扫干净，需要洗刷、消毒、除污的应按规定及时处理，如果有困难可向车站提出协助处理，费用由委托方承担；关好车门、窗、盖、阀；拆除车辆上的支柱、挡板、三角木、铁线等，恢复车辆原来状态；检查货物堆码状态及与线路的安全距离；卸下的篷布应检查是否完整良好，需晾晒的要晾晒，并按规定将铁路货车篷布送回车站指定地点；企业运输员要正确填写卸车登记簿，通知车站卸车结束时间。

4．交接作业

铁路专用线货运员会同企业运输员，在运输协议规定的地点，使用货车调送单按铁路规定办理交接。施封的货车凭封印交接；不施封的货车、棚车、冷藏车凭车门、窗关闭状态交接；敞车、平车、砂石车不苫盖篷布的，凭货物装载状态或规定标记交接；苫盖篷布的，凭篷布现状交接。

铁路货车篷布、企业自备篷布及需要回送的货车装备物品和加固装置，应在货车（物）交接的同时一并办理交接。对于上列物品，企业按有关规定或协议妥善保管或回送。上述物品丢失、短少、破损时，应于交接时向车站提出，由车站专用线货运员核实后，按规定编制记录。

专用线内装车的货物，车站发现有下列状况之一时．应加以改善，达到标准后接收：

（1）凭封印交接的货车，发现封印脱落、损坏、不符、印文不清或未按施封技术要求进行施封；

（2）凭现状交接的货物，发现货物装载加固状态或所作的标记有异状或有灭失、损坏痕迹；

（3）规定应苫盖篷布的货物而未苫盖、苫盖不严、使用破损篷布或篷布绳索捆绑不牢固；

（4）车门、车窗未关严（需要通风运输的货物除外），车门插销未插牢固；

（5）使用敞车、平车或砂石车装载的货物，违反《铁路货物装载加固规则》的要求；

（6）违反铁路规定的货车使用限制或特定区段装载限制。

（四）专用线共用

专用线共用是指在保证专用线产权单位运输需要和专用线既有设备能力富余的前提下，与其吸引范围内的单位共同使用该专用线办理铁路货物发到业务。开展专用线共用是为了缓解铁路货场能力不足，保证货场畅通，挖掘专用线潜力，满足国民经济发展的需要。

开展专用线共用应坚持自愿互利、有偿共用和就地、就近、方便货主的原则。在保证专用线产权单位运输的条件下，由共用单位、产权单位、车站三方签订共用协议。铁路车站在签订协议前应征得铁路局的同意。专用线产权单位要向当地经贸委（经委、计经委、交委、交办）申报。临时性共用要签订临时共用协议。协议签订后，必须严格执行，各负其责，组织实施。专用线产权单位或其他单位未与车站签订共用协议时，不得借出借用或租出租用专用线办理铁路货物发到业务。

在专用线办理共用的货物运输品类和业务范围，原则上不应与其原设计时办理的内容有别。如企业生产性质改变或铁路货场能力不足，专用线又具有与货物相适应的作业条件，可办理其他品类货物的专用线共用，具体内容在协议中应明确。严格控制专用线办理危险货物、超限、超长和集重货物的共用。

实行共用的专用线，车站与专用线产权单位、共用单位间取送车作业和货物（车）交接，同专用线运输的各项要求，专用线共用管理要逐步走向货场化、规范化、制度化。

 实训练习

1．确定下列货车的容许载重量：

（1）使用 61t C61T 型货车装载货物时；

（2）使用 61t C61T 型禁增货车装载货物时；

（3）P62 装运发到朝鲜的大米；

（4）使用 C62A 型敞车机械装载煤炭；

（5）60t 平车装运军运特殊货物坦克；

（6）使用 60t C62A 型敞车装载糖；

（7）使用 60t C62B 型敞车装载石灰石；

（8）使用 60t C62A 型敞车装载机械零件；

（9）部队装运坦克，要求将两辆各重 33 t 的坦克装在一辆 60 t 平车上，是否可以？

2．位于天津市的天津同鑫煤矿机械制造有限公司（邮编：301700，联系电话：020-2749515），于 2012 年 2 月 7 日在张贵庄车站托运原煤（批准计划号为 09N002478962），分别使用 C62A、C62B 型敞车各 1 辆装运，当日由承运人负责装车，车号分别为 C62A4661203、C62B4785424，均未苫盖篷布，货票号码为 06130/06131。挂入 45403 次货运列车发往广西玉林车站（收货单位：广西三环企业集团股份有限公司，邮编：530023，联系电话：0775-6220293）。列车于 2 月 18 日到达玉林车站。请办理这批货物的发送作业、途中检查作业、到站的到达作业。

3．某站使用 C_{64} 型敞车人力装运煤炭，5 次测得该货物的密度分别为：1.015 t/m³、1.030 t/m³、0.990 t/m³、1.020 t/m³、0.988 t/m³。试计算该货物按最大容许载重量的装载高度。

4．某站装载粉煤，测得货物密度为 945 kg/m³，使用 C62A 型车辆人力装运，则容许装载货物高度是多少？如遇雨季应如何处理？

5．C_{61} 车装运煤（1.186 t/m³），测量装载高度为 1.5 m（车辆内部长 11 012 mm，宽 2 890 mm），货票记载 62 t。试计算是否超重？试述发站、中途站、到站各应如何处理？

6．C_{60} 车装运锰矿，比重为 1.8 t/m³，测量装载高度为 1 m（车辆内部长 13 000 mm，宽 2 800 mm，禁增），货票记载 60 t。试计算是否超重？应如何处理？

思考题

1．货物运输种类有哪几种？

2．一批的概念及具体规定是什么？

3．快速货物列车有哪几种？

4．货场如何分类？货场内有哪些设备？

5．运单的组成和作用是什么？

6．货票的组成和作用是什么？

7．货物的发送作业、途中作业、到达作业各包括哪些环节？

8．货车容许载重量包括哪些内容？

项目二　裸装货物运输组织

教学目标

（1）掌握运杂费的计算过程；

（2）掌握票据、表格、台账的正确填记方法以及加固难度较低的裸装货物运输组织方法。

（3）掌握裸装货物运输组织工作的重点及有概念图特征的装载加固方案。

任务1　钢板的运输组织

任务描述

本任务主要是关于钢板运输组织的相关知识介绍与技能训练，是裸装货物运输组织的重要组成部分。通过本任务的学习，使学生理解装载加固方案的种类、作用、内容及装载加固方案的申报、批准和执行，掌握货物重量在车底板上的分布，掌握钢板的装载加固，理解钢板装载加固定型方案，掌握钢板的运输组织过程等。

知识准备

合理的货物装载加固是保证列车运行安全和货物安全的重要措施。列车是在动态状态下运行的，如果装载加固不良就会产生货物移动、滚动、倾覆或者坠落、倒塌现象，甚至导致列车颠覆。因此，装载后的货物一般还需采取适当的加固措施，才能保证货物在正常的运输过程中不发生上述现象。货物装载加固工作技术性强，是铁路运输工作的重要组成部分，其主要任务是：保证货物、货车的完整和行车安全，充分利用货车载重力和容积，安全、迅速、合理、经济地运输货物。

一、装载加固方案

在铁路运送的货物中，有一种货物，它们在形态上自然成件数，没有外在的包装，在运输过程中不怕碰压，我们把这种货物叫做裸装货物，如钢材、橡胶、铜锭及各种车辆等。虽然裸装货物不怕碰压，但是在运输过程中也需要进行一定的装载加固，以克服列车运行途中产生的各种力的作用，保证货物安全运达目的地。

（一）货物装载加固的基本要求

货物装载加固的基本技术要求是：使货物均衡、稳定、合理地分布在货车上，不超载，不偏载，不偏重，不集重；能够经受正常调车作业以及列车运行中所产生各种力的作用，在运输全过程中，不发生移动、滚动、倾覆、倒塌或坠落等情况。

铁路局（含专业运输公司）要高度重视货物装载加固工作，配备专人负责，积极运用先进、成熟、经济、适用、可靠的技术和设备，不断改进和完善技术管理手段，提高货物装载加固工作质量。

铁路局及其直属货运站段应成立装载加固技术领导小组，建立工作制度。装载加固技术领导小组具体负责本部门货物装载加固方案的审核、申报、实施工作，组织落实按方案装车、装车质量签认制度和货车满载措施，以及有关技术业务指导、监督、检查工作。合资铁路、地方铁路和专用铁路、铁路专用线企业应按本规则规定做好装载加固有关工作。

各装车单位应建立健全装车岗位责任制，坚持装车从严、发站从严的原则，严格按装载加固方案装车。

（二）装载加固方案的种类和作用

铁路货物装载加固方案分为装载加固定型方案（以下简称定型方案）、装载加固暂行方案（以下简称暂行方案）和装载加固试运方案（以下简称试运方案）。

部定型方案系《加规》附件一，所列方案是铁道部明定品名与规格的货物装载加固定型方案，此方案系列化程度较强、覆盖范围也比较广，是一个规范性的文件，与《加规》具有同等效力，是执行"按方案装车"和"装车质量签认"制度的基本依据，托运人和承运人都应该严格遵守和执行。

局定型方案是经铁道部审查通过的铁路局明定的货物装载加固定型方案及试运方案，是对部定型方案的有效补充，这些方案很可能在适当时机被纳入部定型方案。同时，局定型方案不应与部定型方案相抵触，也不应重复。

不管是部定型方案还是局定型方案，对现场来讲都具有较强的实用性和可操作性。

（三）装载加固定型方案的内容

装载加固定型方案包括 12 类 49 项 473 个品类的货物，涉及千余种货物装载品类，具体分为：01 类成件包装货物，02 类集装箱、集装件及箱装设备，03 类水泥制品、料石及箱装玻璃，04 类木材、竹子，05 类起重机梁及钢结构梁、柱、架，06 类轧辊、轮对、电缆、钢丝绳、变压器及卧式锅炉，07 类钢材，08 类轮式、履带式货物，09 类圆柱形、球形货物，10 类大型机电设备，11 类口岸站进口设备，12 类部批试运方案。

每个货物用一个编号来编码。编号由 6 位阿拉伯数字组成，从左至右，第 1、2 位为类别代码，第 3、4 位为项别代码，第 5、6 位为顺序码。

如：　　　　　　02　　　　　　　　　　　　　　03　　　　　　　04

第二类集装箱、集装件及箱装设备　　第三项箱装设备　　第一个品名吊架

每个品名的定型方案都包括以下内容：

（1）货物装载加固定型方案示意图。

（2）货物规格，指明了货物的重量范围、外形尺寸情况及货物性质。在此内容中，还应指明对货物的包装要求。

（3）准用货车，指明了车辆的使用限制情况。

（4）加固材料位置，指出所用加固材料的种类。

（5）装载方法，确定出了合理、具体的装车方案。

（6）加固方法，确定了装车后，具体的加固措施，按方案加固即是严格按此条规定进行加固。

（7）其他要求。本条规定的是一些有关装载加固的特殊规定或强调装载加固后的附属工作。

（四）装载加固方案的执行

凡使用铁路敞车、平车、长大货物车及敞、平车类专用货车装运的成件货物，有定型方案、暂行方案和试运方案的，一律严格按方案装车。

无方案的，由托运人在托运货物之前向装车站申报计划装载加固方案（以下简称计划方案，含方案比照申请）和相关资料，装车站按规定报批。装车单位按批准的方案组织装车。

与定型方案和暂行方案中货物规格（包括单件重量、重心位置、外形尺寸、支重面长度和宽度等）相近，装载加固方法相同并且使用相同车辆装载的货物，托运人可向装车站申请比照该定型方案或暂行方案，经发送铁路局审查批准后方可实施。

试运方案和超过有效期的暂行方案不得比照。

（五）装载加固方案的申报和批准

1．申报计划方案应提供的资料

托运人向装车站申报计划方案时，应详细提供货物的外形尺寸、单件重量、重心位置、支重面长度及宽度、货物运输安全的特殊要求等相关资料。

申报暂行方案时，还应同时提出装载加固计算说明书。

申报试运方案时，还应同时提出由铁道部认定的方案论证、技术检测机构出具的方案论证和试验报告。

托运人应在计划方案上盖章或签字，并对内容的真实性负完全责任。对货物的活动部位（部件）、货物的装载加固特殊要求以及涉及货物和运输安全方面的其他重要情况，托运人须提出书面说明。

2．试运方案的论证和试验程序

论证和试验单位会同托运人、承运人提出试验大纲，并报铁道部运输局核准；按核准的试验大纲进行论证、试验；提出方案论证和试验报告。

试验大纲内容应包括：试运事项名称、目的、技术经济可行性研究结论，拟采用的装载加固方法或装载加固材料及装置设计方案，静、动强度试验和运行试验方案，试验方法与手段，评断依据与标准，试运承担单位安全责任划分，安全应急预案等。

重大的试运事项由铁道部运输局组织专题研究，充分论证。

3．受理试运方案

装车站收到托运人提出的计划试运方案、方案论证和试验报告后，逐级审核上报铁道部运输局。

4．组织试运

铁路局按批准的试运方案组织试运。试运工作要精心组织，根据实际情况进行押运或跟踪监测。试运结束后铁路局应按要求及时提出试运总结报告报铁道部运输局。

5. 试运方案的管理

装车站要建立试运方案管理台账，对试运方案从严掌握，在货物运单"承运人记载事项"栏和货票"记事"栏内记明方案编号。

到站要对按试运方案装车的货物装载加固状况进行重点检查和确认。

到站、中途站发现问题时，除按规定处理外，同时要向铁道部运输局及发送铁路局、发站拍发电报，电报中应记明以下事项：发站、到站、装车单位、承运日期、方案编号、存在的问题、处理情况等。

（六）装载加固方案的有效期

定型方案长期有效。试运方案不跨年度，连续试运期限一般不应超过 3 年。

暂行方案有效期及比照方案有效期由铁路局规定。凡需继续执行的暂行方案（比照方案）和试运方案，方案执行单位须在有效期结束前一个月将方案执行情况（试运方案为试运总结）和下一步运用请求逐级审核上报方案批准单位，经审查批准后方可继续实施。

逾期未申报者，原暂行方案（比照方案）和试运方案自行废止。

二、货物重量在车底板上的分布

（一）集重货物的定义

集重货物系指货物重量大于所装车辆负重面长度的最大容许载重量的货物。集重货物的特点是货物重量大，支重面小，货车负重面长度承载重量大。

（二）60 t 敞车免于集重装载的条件

对于 C_{62A}、C_{62A*}、C_{62A*K}、C_{62AK}、C_{62A*T}、C_{62AT}、C_{62B}、C_{62BK}、C_{62BT}、C_{64}、C_{64K}、C_{64H} 及 C_{64T} 型敞车装载应符合以下规定。

（1）仅在车辆两枕梁之间、横中心线两侧等距离范围内承受均布载荷（如图 2.1.1 所示）或对称集中载荷（如图 2.1.2 所示）时，容许载重量见表 2.1.1、表 2.1.2。

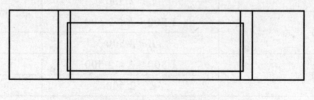

图 2.1.1　均布荷载

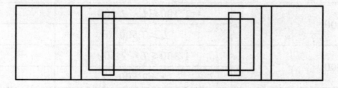

图 2.1.2　对称集中载荷

表 2.1.1　60 t、61 t 敞车两枕梁间承受均布载荷时最大容许载重量表

车辆负重面长度（mm）	车辆负重面宽度 B（mm）	最大容许载重量（t）
2 000	$1\ 300 \leqslant B < 2\ 500$	15
	$B \geqslant 2\ 500$	20
3 000	$1\ 300 \leqslant B < 2\ 500$	16
	$B \geqslant 2\ 500$	23
4 000	$1\ 300 \leqslant B < 2\ 500$	17
	$B \geqslant 2\ 500$	26
5 000	$1\ 300 \leqslant B < 2\ 500$	18.5
	$B \geqslant 2\ 500$	29
6 000	$1\ 300 \leqslant B < 2\ 500$	20
	$B \geqslant 2\ 500$	32
7 000	$1\ 300 \leqslant B < 2\ 500$	23.5
	$B \geqslant 2\ 500$	35.5
8 000	$1\ 300 \leqslant B < 2\ 500$	27
	$B \geqslant 2\ 500$	39
9 000	$1\ 300 \leqslant B < 2\ 500$	30
	$B \geqslant 2\ 500$	43

表 2.1.2　60 t、61 t 敞车两枕梁间承受对称集中载荷时最大容许载重量表

两横垫木中心线间距离（mm）	横垫木长度 L（mm）	最大容许载重量（t）
1 000	$1\ 300 \leqslant L < 2\ 500$	13
	$L \geqslant 2\ 500$	17
2 000	$1\ 300 \leqslant L < 2\ 500$	14
	$L \geqslant 2\ 500$	20
3 000	$1\ 300 \leqslant L < 2\ 500$	17
	$L \geqslant 2\ 500$	21
4 000	$1\ 300 \leqslant L < 2\ 500$	24
	$L \geqslant 2\ 500$	30
5 000	$1\ 300 \leqslant L < 2\ 500$	32
	$L \geqslant 2\ 500$	42
6 000	$1\ 300 \leqslant L < 2\ 500$	43
	$L \geqslant 2\ 500$	49
7 000	$1\ 300 \leqslant L < 2\ 500$	46
	$L \geqslant 2\ 500$	55
8 000	$1\ 300 \leqslant L < 2\ 500$	50
	$L \geqslant 2\ 500$	60（61）
8 700		60（61）

（2）两枕梁直接承受货物重量且两枕梁承受的货物重量相等时，全车装载重量可以达到车辆容许载重量。

（3）在车辆两枕梁内外等距离（装载长度不超过 3.8 m）、宽度不小于 1.3 m 范围内（小于 1.3 m 时加垫长度不小于 1.3 m 的横垫木）承受均布载荷时，全车装载重量可以达到车辆标记载重量。

如果需要在货物下加垫横垫木或条形草支垫（稻草绳把），应分别加垫在枕梁上及其内外各 1 m 处，如图 2.1.3 所示。

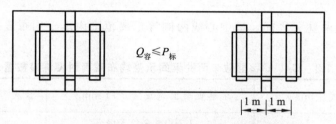

图 2.1.3　长度≤3.8 m 加横垫木装载

（4）靠车辆两端墙向中部连续装载货物，每端装载长度超过 3.8 m 时（如图 2.1.4 所示），应遵守下列规定：

① 装载宽度 $L \geqslant 2.5$ m 时，全车装载重量可以达到车辆标记载重量；

② 装载宽度 $1.3 \text{ m} \leqslant L < 2.5 \text{ m}$ 时，全车装载重量不得超过 55 t。

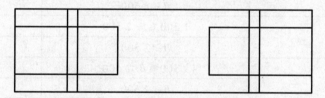

图 2.1.4　长度>3.8 m 时的装载

（5）在车辆两枕梁内外等距离、宽度不小于 1.3 m 范围内和车辆中部三处承载时，中部货物重量不得大于 13 t（如图 2.1.5 所示），全车装载重量不得超过 57 t。

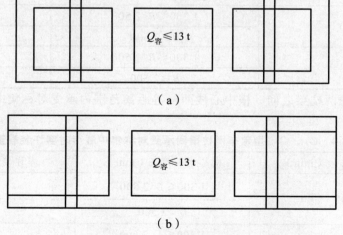

（a）

（b）

图 2.1.5　三处承载示意图

（6）靠车辆两端墙向中部连续装载，每端装载长度超过 3.8 m，且在车辆中部装载货物时，应遵守下列规定：

①中部所装货物的重量不得超过 13 t；

②当两端货物的装载宽度 $L \geqslant 2.5$ m 时，全车装载重量不得超过 57 t；

③当两端货物的装载宽度 1.3 m $\leqslant L < 2.5$ m 时，全车装载重量不得超过 55 t。

（7）仅靠防滑衬垫防止货物移动时，全车装载重量不得超过 55 t。

（三）70t C_{70}、C_{70H} 型敞车局部地板面承受均布载荷或对称集中载荷时，容许载重量的规定

（1）仅在车辆两枕梁之间、横中心线两侧等距离范围内承受均布载荷时，容许载重量见表 2.1.3。

表 2.1.3 C_{70}、C_{70H} 型敞车两枕梁间承受均布载荷时容许装载重量表

车辆负重面长度（mm）	车辆负重面宽度（B）（mm）	最大容许装载重量（t）
2 000	$1\ 300 \leqslant B < 2\ 500$	25
	$B \geqslant 2\ 500$	30
3 000	$1\ 300 \leqslant B < 2\ 500$	28
	$B \geqslant 2\ 500$	39
4 000	$1\ 300 \leqslant B < 2\ 500$	34
	$B \geqslant 2\ 500$	40
4 500	$1\ 300 \leqslant B < 2\ 500$	34
	$B \geqslant 2\ 500$	40
5 000	$1\ 300 \leqslant B < 2\ 500$	36
	$B \geqslant 2\ 500$	42
6 000	$1\ 300 \leqslant B < 2\ 500$	42
	$B \geqslant 2\ 500$	45
7 000	$1\ 300 \leqslant B < 2\ 500$	44
	$B \geqslant 2\ 500$	48
8 000	$1\ 300 \leqslant B < 2\ 500$	48
	$B \geqslant 2\ 500$	52
9 000	$1\ 300 \leqslant B < 2\ 500$	52
	$B \geqslant 2\ 500$	62

（2）仅在车辆两枕梁之间、横中心线两侧等距离范围内承受对称集中载荷时，容许载重量见表 2.1.4。

表 2.1.4 C_{70}、C_{70H} 型敞车两枕梁间承受对称集中载荷时容许装载重量表

横垫木中心间距（mm）	横垫木长度 L（mm）	容许装载重量（t）
1 000	$1\ 300 \leqslant L < 2\ 500$	26
	$L \geqslant 2\ 500$	30
2 000	$1\ 300 \leqslant L < 2\ 500$	32
	$L \geqslant 2\ 500$	36

横垫木中心间距（mm）	横垫木长度 L（mm）	容许装载重量（t）
3 000	$1\,300 \leqslant L < 2\,500$	35
	$L \geqslant 2\,500$	39
4 000	$1\,300 \leqslant L < 2\,500$	42
	$L \geqslant 2\,500$	46
5 000	$1\,300 \leqslant L < 2\,500$	48
	$L \geqslant 2\,500$	54
6 000	$1\,300 \leqslant L < 2\,500$	58
	$L \geqslant 2\,500$	64
7 000	$1\,300 \leqslant L < 2\,500$	60
	$L \geqslant 2\,500$	68
8 000	$1\,300 \leqslant L < 2\,500$	64
	$L \geqslant 2\,500$	70

（3）下列情况 C_{70}、C_{70H} 敞车全车装载量可以达到标记载重量：

当车辆负重面宽度不小于 2 000 mm，在车辆两枕梁处负重面长度各为 3 800 mm 或在车辆两枕梁及中央三处负重面长度不小于 2 000 mm 且均匀对称装载时；全车均匀装载时；使用横垫木在两枕梁处对称装载，当横垫木长度不小于 2 000 mm，两横垫木中心间距为 1 000 mm 时。

三、钢板的装载加固

（一）裸装货物特点及装载要求

裸装是指将货物用铁丝、绳索等加以捆扎或以其自身捆扎成捆、堆或束，不加任何额外的包装物料。裸装适用于品质比较稳定、可以自成件数、能抵抗外界影响、难于包装或不需要包装的货物，如钢材、橡胶等。

采用裸装形式包装的货物即为裸装货物，通常使用平车或敞车装载，如装载需要加固的货物时，已有定型方案的，必须按定型方案加固；无定型方案的，车站应会同托运人制订暂行方案或试运加固方案，报上级批准后组织试运。

需进行加固的货物，其加固方案应按《加规》的规定办理。

（二）货物装载加固的基本要求

货物装载加固的基本技术要求是：使货物均衡、稳定、合理地分布在货车上，不超载，不偏载，不偏重，不集重；能够经受正常调车作业以及列车运行中所产生各种力的作用，在运输全过程中不发生移动、滚动、倾覆、倒塌或坠落等情况。

铁路局（含专业运输公司）要高度重视货物装载加固工作，配备专人负责，积极运用先进、成熟、经济、适用、可靠的技术和设备，不断改进和完善技术管理手段，提高货物装载加固工作质量。

铁路局及其直属货运站段应成立装载加固技术领导小组，建立工作制度。装载加固技术领导小组具体负责本部门货物装载加固方案的审核、申报、实施工作，组织落实按方案装车、装车质量签认制度和货车满载措施，以及有关技术业务指导、监督、检查工作。合资铁路、地方铁路和专用铁路、铁路专用线企业企业应按本规则规定做好装载加固有关工作。

各装车单位应建立健全装车岗位责任制，坚持装车从严、发站从严的原则，严格按装载加固方案装车。

（三）钢板装载加固的要求

铁路装载钢板可使用敞、平车装载。每垛货物高度不得大于货物底宽的 80%，货物层间及与车地板间应衬垫防滑，重量分布应符合《加规》有关规定。

使用平车装载钢板时，可单排或双排顺装，装载高度超出端、侧板时，可使用支柱。每垛钢板使用盘条（钢丝绳）或钢带整体捆绑，捆绑间距不大于 2.5 m。每垛钢板采用反又字下压加固 2 道，端部采用交叉斜拉加固。

使用敞车装载钢板，钢板宽度小于 1.3 m 时，应双排顺装，每垛使用盘条（钢丝绳）或钢带整体捆绑，间距不大于 2.5 m。钢板宽度不小于 1.3 m 时，可单排顺装。长度为 7～9 m 的钢板允许中部搭头，两端紧靠车端墙。

为规范钢板货物运输作业管理，保证作业质量，确保运输安全，应依据《铁路货物装载加固规则》和铁路有关法规、标准、文件电报精神等制定本措施。钢板货物是铁路货物运输作业的重要组成部分，为确保装车质量，必须做到使货物均衡、稳定、合理地分布在货车上，不超载，不偏载，不偏重，不集重；能够经受正常调车作业以及列车运行中所产生各种力的作用，在运输全过程中，不发生移动、滚动、倾覆、倒塌或坠落等情况。钢板货物运输实行关键作业质量签认制度和关键作业程序间交接签认制度。钢板货物的装载加固，应符合铁路有关货物装载加固定型方案、暂行方案规定及有关文电办法等要求。

四、钢板装载加固定型方案

【方案一】编号 070201，长≤3 800 mm 钢板的装载加固定型方案。

（1）货物规格：长度不大于 3 800 mm。

（2）准用货车：60t、61t 通用敞车（C$_{62}$、C$_{62m}$、C$_{65}$ 除外）。

（3）加固材料：公称直径为 6.5 mm 的盘条，稻草垫（条形草支垫或稻草绳把）。

（4）加固材料要求：

① 稻草垫：

a. 应采用优质、干燥稻草密实编织成型，厚度不得小于 30 mm，压实后不得小于 10 mm。

b. 禁止使用腐烂变质稻草制作的稻草垫。

c. 稻草垫限一次性使用。

② 盘条：

a. 质量应符合国家标准 GL/T701《低碳钢热轧圆盘条》的要求。

b. 禁止使用受损、使用过的和表面有裂纹、折叠、结疤、耳子、分层、夹杂的盘条。

（5）装载方法：

① 在车辆两枕梁内外等距离范围内各装 1 垛，装载宽度不小于 1 300 mm。可在车辆中

部再装 1 垛，重量不超过 13 t。全车装载重量不超过 55 t，装载方法如图 2.1.6 所示。

② 靠车辆两端墙向中部连续均衡装载各 2 垛，装载宽度不小于 1 300 mm，全车装载量不大于 55 t，装载方法如图 2.1.7 所示。

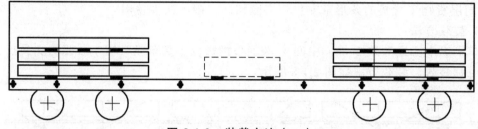

图 2.1.6　装载方法（一）

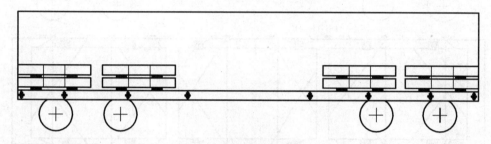

图 2.1.7　装载方法（二）

（6）加固方法：

① 货物层间及货物与车地板之间铺垫稻草垫（条形草支垫或稻草绳把），其露出货物边缘四周的裕量不得小于 100 mm（货物装载宽度与货车内宽接近时除外）。严格控制货物装车时的温度，以防止稻草垫焦煳、燃烧造成失效。

② 用盘条 2 股将每垛货物整体捆绑 2 道，绞紧时不得损伤盘条。

【方案二】编号 070202，长 3 000～4 000 mm 钢板的装载加固定型方案。

（1）货物规格：长 3 000～4 000 mm，宽 2 600～3 200 mm，厚 8 mm 以上。

（2）准用货车：木地板平车。

（3）加固材料：直径 13 mm 的钢丝绳（破断拉力不小于 86.6 kN），钢丝绳夹，条形草支垫。

（4）加固材料要求：

① 钢丝绳和钢丝绳夹：

a. 质量应分别符合国家标准 GL/T20118《一般用途钢丝绳》和 GL/T5976《钢丝绳夹》的要求。

b. 禁止使用受损的钢丝绳，禁止用吊车钓钩张紧钢丝绳，紧线器与钢丝绳串联使用时，其抗拉强度应与钢丝绳匹配。

c. 钢丝绳夹的夹座表面应光滑平整，无尖棱和冒口，不得有降低强度和有损伤外观的缺陷（如气孔、裂痕、疏松、夹砂、铸疤、起磷、错箱等）。

d. 夹座的绳槽表面应与钢丝绳的表面和捻向吻合；U 形螺栓杆部表面不允许有过烧裂纹、凹痕、斑疤、条痕、氧化皮和浮锈。

e. 螺纹表面不许有碰伤、毛刺、双牙尖、划痕、裂缝和丝扣不完整。

② 条形草支垫：

a. 质量应满足铁道行业标准 TL/T3079.2《条形草支垫》的要求，在允许负荷作用下，应不散捆、不崩塌。

b. 禁止使用腐烂变质稻草或有伤痕、锈蚀的镀锌铁线制作的条形草支垫。

c. 同层货物下衬垫的条形草支垫规格应相同，限一次性使用。

（5）装载方法：

沿车辆纵中心线顺装 3 垛，中间 1 垛重心投影位于货车纵、横中心线的交叉点上，两端 2 垛对称装载。装载方法如图 2.1.8 所示。

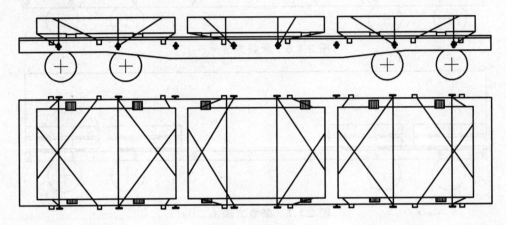

图 2.1.8　装载方法

（6）加固方法：

① 每垛钢板下铺垫 2 道条形草支垫，间距不小于 2 000 mm，距钢板端部不小于 500 mm。严格控制货物装车时的温度，以防条形草支垫焦煳、燃烧造成失效。

② 每垛钢板使用钢丝绳反又字形下压加固 2 道，捆绑在车侧丁字铁或支柱槽上。

③ 每垛钢板两端用钢丝绳双股兜头交叉拉牵，捆绑在车侧丁字铁或支柱槽上。拉牵加固时，将钢丝绳穿过紧线器或绕过栓结点后，绳头折回与主绳并列，使用与之匹配的钢丝绳夹固定。

④ 固定单股钢丝绳端头时，使用钢丝绳夹的数量不得少于 3 个，并按图 2.1.9（a）所示进行布置；两根钢丝绳搭接时，并列绳头应拉紧，用不少于 4 个钢丝绳夹正反扣紧并紧固，如图 2.1.9（b）所示。钢丝绳夹间的距离 A 等于 6～7 倍钢丝绳直径，绳头余尾长度应控制在 100～300 mm 间。

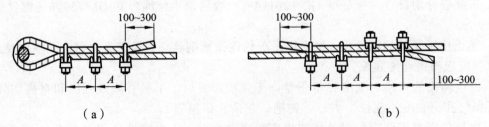

图 2.1.9　钢丝绳夹使用示意（单位：mm）

⑤ 先紧固离栓结点最近的钢丝绳夹，加固时钢丝绳应松紧适度。

⑥ 搭接钢丝绳时，钢丝绳夹的底板必须扣装在主绳一侧。

五、钢板的运输组织

（一）受理工作

受理钢板货物运输时，应做好以下两个方面的审查工作。

（1）受理钢板货物时，必须认真审查货物规格、单件重量及装车方案。

（2）审核装运货物使用的车种、车型，计划装载加固方案，装载加固材料等。

受理后，须对照资料核查货物实际，复核货物重量，测量核对货物外形尺寸，拟订使用货车的车种、车型，拟订货物装载加固方案。对装车无方案的货物，与托运人制定暂行方案，按审报程序上报运输科。各货运站应提高暂行方案申报质量，主管领导、经办人员要亲自把关审核。制定暂行方案时，在保证货物运输安全的前提下，应最大限度地减低货物装载加固材料使用，降低装车成本。

（二）装　车

装车前应做到：认真选择车辆及检查车辆技术状态，选择的车辆必须技术状态良好，车体完整，配件齐全，车地板残留物必须全部、彻底清扫干净；确认待使用的车种、车型符合装车要求，加固材料和加固装置的规格、数量及质量符合装载加固方案规定；认真核对货物品名、件数、规格、重量，做好装车前的防滑加固材料铺垫工作；根据货物的规格、重量、件数、形状及车地板的长度和宽度，应在车上标划货物装载线；向装车人员布置装车注意事项。

装车时，装载加固主管人员须到装车现场进行指导，装载和加固作业须严格按装载加固方案进行。

（1）装车前必须在车辆两侧墙或车地板上用粉笔标画货物端部装载位置线。装载加固方案中对铺垫的防滑衬垫材料有位置要求的，还须在车辆两侧墙或车地板上标画每道防滑衬垫材料的中心位置线。

（2）货垛与车地板间铺垫稻草垫或稻草绳把。每车最大容许装载量按铺垫在货垛下条形草支垫或稻草绳把的支距确定。

（3）货物应排摆紧密、稳固、平顺，装载高度不超过货物宽度的80%。

（4）装载长度6.25 m以下的钢板时，每垛使用直径12 mm以上钢丝绳（破断拉力不小于73.8 kN，以下简称钢丝绳）双股或直径6.5 mm盘条（以下简称盘条）6股，整体捆绑2道。

（5）装载长度6.25～9 m的钢板时，中部搭头，两端紧靠车辆端墙装载。搭头处使用钢丝绳双股或盘条6股均衡整体捆绑2道，两端各使用钢丝绳双股或盘条6股均衡整体捆绑1道。

装载长度9～12.5米的钢板时，使用钢丝绳双股或盘条6股均衡整体捆绑4道，遇有特殊情况也可采取2道反又字下压捆绑加固，两端各使用钢丝绳双股或盘条6股兜头交叉捆绑。

装车后，须检查确认货物装载加固是否符合规定要求，重点检查、确认以下内容：

（1）使用的加固材料规格、数量、质量和使用方法应符合铺垫和装载加固方案要求；车辆两侧墙或车地板上标画货物端部装载位置线，铺垫的防滑衬垫材料位置在车辆两侧墙或车地板上标画每道防滑衬垫材料的中心位置线。

（2）货物实际装载位置符合装载加固方案；货物应均衡装载、合理码放、不超载、不偏载、不偏重、不集重，货物重心投影需落在车辆纵横中心线的交叉点上。

（3）加固线（钢丝绳、盘条）应采取防磨措施，加固方法及捆绑拴结应牢固，拴结点无损坏；

（4）检查敞车车门、车销关闭情况，并使用 8 号镀锌铁线捆绑牢固。

装车作业完毕后，装车单位均应及时清理货车上的残货和杂物，尤其是对车体外部、车钩、手闸台等部位的清理；挂车前车站应进一步检查、确认和处理，确保运输安全。专用线装车时，须比照站内货场规定办理。货运员和货运值班员对装载状态进行现场检查确认，并在签认单上签认。

钢板的装载加固作业流程如图 2.1.10 所示。

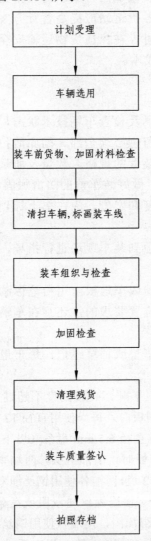

图 2.1.10　钢板装载加固作业流程图

 实训练习

1. 北京鑫钢盛达物资有限公司 3 月 2 日在丰台站托运钢板 58 t，共 8 件（其中 6 大件，每件重 8 t；2 小件，每件重 5 t），计划号为 02N00237051，使用 C_{64K}4807486 一辆装运，标重 61 t，专用线装车，当日由托运人负责装车完毕，货票号码为 N018058，保价金额 300 000 元，挂入 4719 次列车发往成都东站，收货单位为成都钢益金属材料有限公司。请制定该货物装载加固方案，采取角色扮演的方式完成这批货物的运输组织工作。

2. 确定最大容许载重量：

（1）用 C_{62A} 装载，均布载荷时，车辆负重面长度 3 000 mm，车辆负重面宽度 2 400 mm、2 600 mm 时，最大容许载重量分别为多少？

（2）用 C_{64} 装载，对称集中载荷时，横垫木中心间距 3 000 mm，横垫木长度 2 000 mm、2 800 mm 时，最大容许载重量分别为多少？

（3）用 C_{70} 装载，均布载荷时，车辆负重面长度 3 000 mm，车辆负重面宽度为 2 400 mm、2 700 mm 时，最大容许载重量分别为多少？

（4）用 C_{70} 装载，对称集中载荷时，两横垫木中心线间距离 3 000 mm，横垫木长度为 2 400 mm、2 800 mm 时，最大容许载重量分别为多少？

任务 2　原木的运输组织

任务描述

本任务主要是关于原木运输组织的相关知识介绍与技能训练，是裸装货物运输组织的重要组成部分。通过本任务的学习，使学生掌握常用装载加固材料及其使用方法，掌握原木的装载加固要求与方法，掌握原木的几种典型装载加固定型方案。

知识准备

货物装载加固材料及装置由托运人自备。常用装载加固材料和装置的技术条件及运用管理要求，在《加规》附件五《常用装载加固材料与装置》中有明确规定。该规定按照拉牵捆绑材料、衬垫材料、掩挡类材料、其他材料，对不同种类常用装载加固材料和装置的性能指标、使用方法、注意事项等给出了具体要求。

一、常用装载加固材料

（一）镀锌铁线

镀锌铁线是一种适应性比较强、应用广泛的加固材料，它主要用于拉牵加固捆绑货物，可防止货物产生倾覆、水平移动和滚动。

在使用镀锌铁线时，一般应数股拧成一根，禁止使用已受损、捆绑过货物的铁线。拉牵用镀锌铁线直径不得小于 4 mm（8 号），捆绑用镀锌铁线直径不得小于 2.6 mm（12 号），镀锌铁线不得用作腰箍下压式加固，一般不用作整体捆绑。

（二）盘　条

盘条主要用于拉牵加固货物，可防止货物产生倾覆、水平移动和滚动，不得用作腰箍下压式加固，可用作整体捆绑。

（三）固定捆绑铁索

固定捆绑铁索是配合支柱作腰线拦护货物，可以重复使用的加固材料，由 4 股 8 号镀锌铁线制成，铁索两端的环状铁线必须拼齐缠绕，如图 2.2.1 所示。

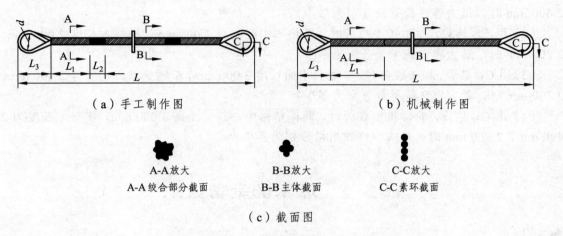

（a）手工制作图　　　　　　　　　　（b）机械制作图

A-A放大　　　　　　　B-B放大　　　　　　　C-C放大
A-A绞合部分截面　　　B-B主体截面　　　　C-C素环截面

（c）截面图

图 2.2.1　固定捆绑铁索结构

（四）垫木和隔木

装运货物时，为增大货物支重面的长度和宽度、降低超限等级或避免超长货物突出部分底部与游车车底板接触，必要时需使用纵、横垫木；在分层装载货物时，特别是金属制品，为防止层间货物滑动必须使用隔木。

垫木和隔木必须使用无削弱强度的木节和裂纹且坚实、纹理清晰、无腐烂的整块木材制作。

横垫木和隔木的长度一般不应小于货物装载宽度，但不大于车辆的宽度；其垫木的宽度不得小于高度。

（五）条形草支垫、稻草绳把、稻草垫、橡胶垫

条形草支垫、稻草绳把用于支撑货物并起防滑作用，稻草垫起防滑作用。
条形草支垫、稻草绳把、稻草垫均限一次使用；
橡胶垫起防滑、防磨作用并可作为缓冲材料。

（六）支　柱

支柱是用来拦护货物的加固材料。加固货物常用支柱有：木支柱、钢管支柱和竹支柱。

木支柱一般用来加固原木、木材制品及轻浮货物，应直接使用原木，不允许有腐朽、死节和虫眼（表皮虫沟除外），活节不超过两个。支柱必须选用坚实圆直的木材，并将其大头加工成四方形，紧插于支柱槽内，适当露出支柱槽下，露出长度不超过 200 mm，敞车使用木、竹支柱时必须倒插。

钢管支柱一般用来加固钢管。要求钢管壁厚不小于 4 mm，禁止使用铸铁管作为支柱。

钢管的下部应有焊接处，可用铁线将其与支柱槽捆绑；顶部应有孔，可用来穿封顶线。

竹支柱需用节密、瓢厚、圆直的竹子制成，不得有腐朽、虫眼和裂缝。

各种支柱的长度均为 3 000 mm，若是内插支柱和装运重质货物或轻浮货物所用支柱，可根据货物实际装载高度确定支柱的长度，但是最长不得超过货物的装载限界。

（七）围挡及挡板（壁）

围挡用于挡固敞车装载焦炭的起脊部分，有竹笆、竹板、箭竹、钢网、木板围挡等。板、方材挡板（壁）、竹篱挡壁装在敞车两端。木围挡及挡板（壁）如图 2.2.2 所示。

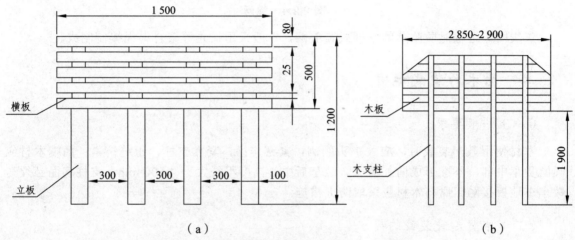

图 2.2.2　木板围挡、挡板结构（单位：mm）

围挡及挡板（壁）安装均不得超限。

（八）U 形钉

U 形钉骑跨在整体捆绑线（封顶线、腰线、拦护线等）上，并钉固在木材或木质加固材料上。U 形钉仅限一次使用。常用规格尺寸为：$d \times L$ 为（2.5～4.0）mm×（30～60）mm，肩宽为 15～35 mm，钉尖角不大于 30°。U 形钉的结构如图 2.2.3 所示。

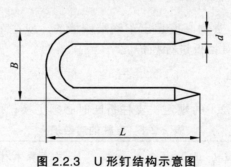

图 2.2.3　U 形钉结构示意图

（九）绳网、焦炭网

绳网一般用于加固起脊装运的成件包装货物或袋装货物。绳网分上封式和下封式两种，由网筋、围筋和系绳组成，如图 2.2.4 所示，采用优质棕、熟麻和丙纶等材料制成。

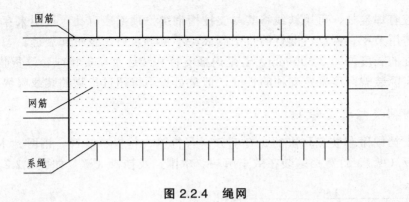

围筋

网筋

系绳

图 2.2.4　绳网

焦炭网为运输时防坠落的下捆式苫盖网，一般采用尼龙等聚合料绳编制制成。

二、原木的装载加固

（一）一般要求

木材使用敞车装载时，应大小头颠倒，紧密排摆，紧靠支柱，压缝挤紧；两端木材应倾向货车中部，不准形成向外溜坡。装车后中心高度不得大于 4 600 mm。支柱底面必须与敞车车地板接触。腐朽木材应采取防火措施。

（二）木材起脊装载的要求

装载原木（包括坑木、小径木）时，应对每垛起脊部分做整体捆绑，整体捆绑线使用直径不小于 7 mm 的钢丝绳或破断拉力不小于 21 kN 的专用捆绑加固器材；腰线使用专用捆绑加固器材时，整体捆绑线可使用 Φ6.5 mm 盘条 2 股。每道整体捆绑线的铺设位置距车辆端、侧墙顶面向下不小于 100 mm。材长大于 4 m 的，每垛整体捆绑 5 道，4 m 及以下的每垛整体捆绑 3 道。整体捆绑线的余尾部分折向车内，并用 U 形钉钉固。车辆两端安装挡板时，应使用 8 号镀锌铁线对挡板进行拦护；不使用挡板时，靠车辆两端的起脊部分的顶层应使用 8 号镀锌铁线 2 股对原木端部向支柱方向兜头拦护，镀锌铁线与每根原木端部接触处用 U 形钉钉固。

敞车装载板、方材时，货物高度超出车辆端侧墙的，应在车辆两端安装挡板（围装除外），并使用 8 号镀锌铁线对挡板进行拦护。

（三）支柱的使用要求

支柱的对数应符合表 2.2.1 的规定。支柱折断时必须更换。

表 2.2.1　支柱的对数表

每垛木材的长度 L（mm）	每垛木材使用支柱对数
2 500≤L<5 000	3
5 000≤L<8 000	4
L≥8 000	5

每对支柱捆绑腰线的道数视敞车侧墙高度而定，高度小于 1 600 mm 的不少于 3 道，1 600～1 900 mm 的为 2 道，大于 1 900 mm 的为 1 道。腰线间距应适当，不得卡侧墙，捆绑松紧适度，应使上层木材与下层木材密贴。每对支柱使用封顶线 1 道。

　　腰线及封顶线的捆绑周数应符合表 2.2.2 的规定。

表 2.2.2　腰线及封顶线的捆绑周数表

捆绑材料	规格	腰线周数	封顶线周数
镀锌铁线	φ4.0 mm	3	2

　　注：① 装载杉木时，腰线周数可按封顶线周数办理；
　　　　② 每道封顶线与每根（块）木材的接触处使用 U 形钉钉固。

　　紧靠支柱的木材，两端超出支柱的长度不得小于 200 mm（由支柱中心线算起）。

　　紧靠支柱顶部的原木不得超出支柱。

　　紧靠支柱的原木，其树节、枝、弯曲部分或根部、两侧允许超出支柱。

（四）长度不足 2.5 m 的木材不能全部成捆时的处理

　　长度不足 2.5 m 的木材不能全部成捆时，需用长材或成捆材压顶，其装载方法可根据木材长度，分别采取以下措施：

　　（1）围装：将木材沿车辆端侧墙内侧竖立一周，超出端侧墙部分不得大于端侧墙高度（立装木材长度）的 1/2。

　　围板厚度不得小于 40 mm，围板四周用 8 号镀锌铁线 2 股串连，并用 U 形钉钉固。

　　（2）顺装：每垛内插 2 对支柱，垛间距离须小于木材本身长度的 1/5。

三、原木装载加固定型方案

　　【方案一】同长度原木装载：编号 040103，4 000～6 000 mm 原木的装载加固定型方案。

　　（1）货物规格：4 000～6 000 mm 原木。

　　（2）准用货车：60 t、61 t 通用敞车。

　　（3）加固材料：8 号镀锌铁线，公称直径为 6.5 mm 的盘条，直径不小于 7 mm 的钢丝绳，固定捆绑铁索，U 形钉，木支柱。

　　（4）装载方法（见图 2.2.5）：

　　① 4 000 mm 材每车装 3 垛，每垛使用 3 对支柱，5 000 mm、6 000 mm 材每车装 2 垛，每垛使用 4 对支柱。

　　② 装车时应做到大小头颠倒，紧密排摆，紧靠支柱，压缝挤齐，两端原木向货车中部倾斜，不得形成向外溜坡。

　　③ 紧靠支柱顶部原木不得超过支柱。

　　④ 紧靠支柱原木两端超出支柱的长度（由支柱中心线算起）不得小于 200 mm。

　　（5）加固方法：

　　① 支柱必须选用坚实圆直木材，长度不得超过 2 800 mm，大头直径不大于 160 mm，小头直径不小于 65 mm。

　　② 每对支柱捆绑 1 道腰线，松紧适度，使上层与下层木材密贴，不得卡住车辆侧墙，

腰线距支柱顶端距离不小于 100 mm。

③ 腰线均用镀锌铁线 6 股拧成 1 根，两端各 3 股交叉缠绕支柱 2 周后，拧固 3 周。使用固定捆绑铁索时，用游线 3 股穿入固定捆绑铁索环内，缠绕支柱 2 周，拧固 3 周，腰线及游线余尾折向车内。

④ 每对支柱上部捆绑封顶线 4 股（2 周），在腰线下部缠绕支柱 2 周后拧紧。

⑤ 对每垛起脊部分做整体捆绑，整体捆绑线使用直径不小于 7 mm 的钢丝绳或破断拉力不小于 21 kN 的专用捆绑加固器材；腰线使用专用捆绑加固器材时，整体捆绑线可使用盘条 2 股。材长 4 000 mm 的每垛整体捆绑 3 道，材长大于 4 000 mm 的每垛整体捆绑 5 道。

⑥ 靠车辆两端的起脊部分的顶层，应使用镀锌铁线 2 股对原木端部兜头向支柱方向拉牵捆固。

⑦ 封顶线、整体捆绑盘条及其余尾与顶层每根原木接触处以及拦护线与顶层每根原木端部接触处使用 2 个 U 形钉钉固（原木直径小于 100 mm 时可钉 1 个 U 形钉）。

（6）其他要求：

装运腐朽或有腐朽面及腐朽洞眼木材时，应按规定喷涂防火剂。

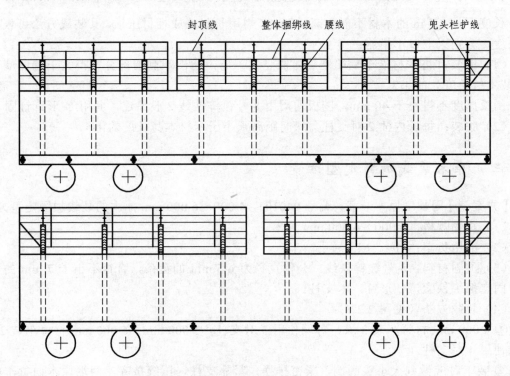

图 2.2.5　4 000 ~ 6 000 mm 原木装载示意图

【方案二】不同长度原木叠装：编号 040105，4 000 mm、6 000 mm 原木叠装加固定型方案。

（1）货物规格：4 000 mm、6 000 mm 原木。

（2）准用货车：60 t、61 t 通用敞车。

（3）加固材料：8 号镀锌铁线，公称直径为 6.5 mm 的盘条，直径不小于 7 mm 的钢丝绳，固定捆绑铁索，U 形钉，木支柱。

（4）装载方法（见图 2.2.6）：

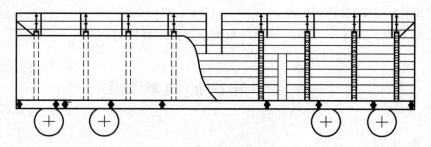

图 2.2.6　4 000 mm、6 000 mm 原木叠装示意图

① 4 000 mm 原木分 3 垛装在下部，3 垛装平；6 000 mm 原木分 2 垛装在上部压顶，每垛使用 4 对支柱。

② 装车时应做到大小头颠倒，紧密排摆，紧靠支柱，压缝挤齐，两端原木向货车中部倾斜，不得形成向外溜坡。

③ 紧靠支柱顶部原木不得超过支柱。

④ 紧靠支柱原木两端超出支柱的长度（由支柱中心线算起）不得小于 200 mm。

（5）加固方法：

① 支柱必须选用坚实圆直木材，长度不得超过 2 800 mm，大头直径不大于 160 mm，小头直径不小于 65 mm。

② 每对支柱捆绑 1 道腰线，松紧适度，使上层与下层木材密贴，不得卡住车辆侧墙，腰线距支柱顶端距离不小于 100 mm。

③ 腰线均用镀锌铁线 6 股拧成 1 根，两端各 3 股交叉缠绕支柱 2 周后，拧固 3 周。使用固定捆绑铁索时，用游线 3 股穿入固定捆绑铁索环内，缠绕支柱 2 周，拧固 3 周，腰线及游线余尾折向车内。

④ 每对支柱上部捆绑封顶线 4 股（2 周），在腰线下部缠绕支柱 2 周后拧紧。

⑤ 对每垛起脊部分做整体捆绑，整体捆绑线使用直径不小于 7 mm 的钢丝绳或破断拉力不小于 21 kN 的专用捆绑加固器材；腰线使用专用捆绑加固器材时，整体捆绑线可使用盘条 2 股。每垛整体捆绑 5 道。

⑥ 靠车辆两端的起脊部分的顶层，应使用镀锌铁线 2 股对原木端部兜头向支柱方向拉牵捆固。

⑦ 封顶线、整体捆绑盘条及其余尾与顶层每根原木接触处以及拦护线与顶层每根原木端部接触处使用 2 个 U 形钉钉固（原木直径小于 100 mm 时可钉 1 个 U 形钉）。

（6）其他要求：

装运腐朽或有腐朽面及腐朽洞眼木材时，应按规定喷涂防火剂。

 实训练习

某木材公司 3 月 11 日在佳木斯站托运原木 180t，（计划号：02N00507802），使用标重 60t 的 C_{62BK}4600789、C_{62BK}4673852、C_{62BK}4647850，三辆车装运（车内长宽高 12 500 mm×2 890 mm×2 000 mm），专用线装车，当日由托运人负责装车完毕，每车保价

金额为：80 000 元，货票号码为：R019256、R019257、R019258，挂入 4649 次列车发往南仓站，收货单位：天津道桥管理处。

请制定原木的装载加固方案，并确保装载加固方案经济合理。

任务 3　卷钢的运输组织

任务描述

本任务主要是关于卷钢运输组织的相关知识介绍与技能训练，是裸装货物运输组织的重要组成部分。通过本任务的学习，使学生理解运价的概念与分类，了解铁路运输费用的主要规章，掌握运费计算因素，掌握整车货物运费计算方法，掌握运输变更及运输阻碍运费计算方法，掌握货运其他费用计算方法，理解卷钢装载加固定型方案，掌握卷钢的运输组织过程。

知识准备

铁路运价是国家运价政策的体现，也是铁路劳务价值的具体体现。不同的运输种类及运输条件对货物运输组织有着不同的影响。铁路运价根据国家规定的费率，考虑运价里程、运价号计费重量等具体因素对整车、集装箱货物的运费及杂费和其他专项费用进行核算。正确计算运价对于保证铁路运输收入有着重要意义。

一、货物运价的概念及分类

（一）货物运价的概念

铁路货物运价是运输价值的货币表现，是国家规定的货物运输的计划价格。由于铁路运输产品不具有实物形态，其价值被追加到被运输的货物的价值上去。因此，铁路运输货物要按照国家规定的运输价格收取运输费用，以补偿运输生产所消耗的社会劳动量，这个价格就是铁路货物运价。

铁路货物运价是指铁路运输产品的销售价格，即铁路向货主核收的运输费用。铁路货物运输费用是对铁路运输企业所提供的各项生产服务消耗的补偿，包括车站费用、运行费用、服务费用和额外占用铁路设备的费用等。铁路货物运输费用由铁路运输企业使用货票和运费杂费收据核收。

（二）货物运价的分类

铁路货物运价可按适用范围和货物运输种类不同进行划分。

1. 按适用范围分

铁路货物运价按适用范围可分为普通运价、特殊运价、国际联运运价、军运运价等。

（1）普通运价。

普通运价是铁路货物运价的基本形式，是铁路计算运费的统一运价，凡在路网上办理正式营业的铁路运输线上都适用统一运价。现行铁路的整车货物、零担货物、集装箱货物、冷藏车货物运价都属于普通运价。普通运价是计算运费的基本依据。

（2）特殊运价。

特殊运价是指地方铁路、临时营业线和特殊线路的运价，如大秦线的煤炭运价。

（3）国际联运运价。

国际联运运价是指针对铁路国际联运的货物所规定的运价，包括国内段运输和过境运输运价。国内段运输运价同普通运价，过境运输运价根据国际联运有关规定计算。

（4）军运运价。

军运运价是指对军事运输中军运物资所规定的运价。

2．按货物运输种类分

铁路货物运价按货物运输种类可分为整车货物运价、零担货物运价、集装箱货物运价。

（1）整车货物运价。

整车货物运价是铁路对按整车运送的货物所规定的运价。其中，冷藏车货物运价是整车货物运价的组成部分，它是铁路对按冷藏车运送的货物所规定的运价。

（2）零担货物运价。

零担货物运价是铁路对按零担运送的货物所规定的运价。

（3）集装箱货物运价。

集装箱货物运价是铁路对按集装箱运送的货物所规定的运价。

（三）铁路运输费用的主要规章

计算铁路货物运输费用的主要规章有《铁路货物运价规则》、《铁路货物装卸作业计费办法》、《铁路货物保价运输办法》、《货车使用费核收暂行办法》等。

1．《铁路货物运价规则》

（1）基本内容。

《铁路货物运价规则》简称《价规》，它规定了在各种不同情况下计算货物运输费用的基本条件，各种货物运费、杂费和代收款的计算方法、国际铁路联运货物国内段的运输费用的计算方法及铁路非运用车运输费用的核收办法等内容。

（2）适用范围。

铁路货物运价由铁路主管部门拟订，报国务院批准，由铁道部运价主管部门集中管理。

《价规》是根据铁路法的规定，为正确体现国家的运价政策，确定国家铁路及合资、地方铁路及与国家铁路办理直通运输的有关货物运输费用计算方法而制定的规则。它是计算国家铁路货物运输费用的依据，承运人和托运人、收货人必须遵守本规则的规定。

国家铁路营业线的货物运输，除军事运输（后付）、水陆联运、国际铁路联运过境运输及其他铁道部另有规定的货物运输费用外，都按《价规》计算货物运输费用，其以外的货物运输费用按铁道部的有关规定计算核收。

铁路货物运输费用由铁路运输企业使用货票和运费杂费收据核收。

（3）附件与附录。

《价规》包含四个附件、四个附录，具体如图2.3.1所示。

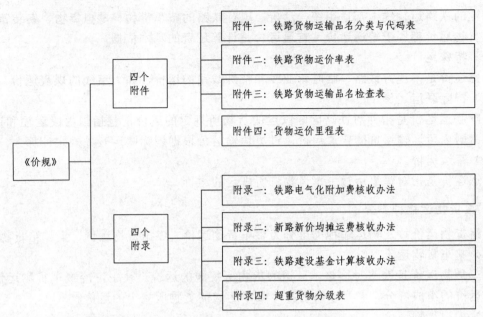

图 2.3.1 《价规》中的四个附件、四个附录

① 四个附件。

附件一为"铁路货物运输品名分类与代码表"（简称"分类与代码表"），它是用来判定货物的类别代码和确定运价号的工具。"分类与代码表"由代码、货物品类、运价号（整车、零担）、说明四部分组成。代码由 4 位阿拉伯数字组成，是类别码，对应运价号，前 2 位表示货物品类的大类、第 3 位数字表示中类、第 4 位数字表示小类。"分类与代码表"是按大类、中类、小类的顺序排列的。"铁路货物运输品名分类与代码表"具体内容见表 2.3.1。

表 2.3.1 铁路货物运输品名分类与代码表（摘录）

代码			货物品类	运价号		说明
				整车	零担	
01 01	1	0	煤 原煤	4	21	含未经入洗、筛选的无烟煤、炼焦烟煤、一般烟煤、褐煤
01	2	0	洗精煤	5	21	含冶炼用炼焦精煤及其他洗精煤
01	3	0	块煤	4	21	含各种粒度的洗块煤和筛选块煤
01	4	0	洗、选煤	4	21	指洗精煤、洗块煤以外的其他洗煤（含洗混煤、洗中煤、洗末煤、洗粉煤、洗原煤、煤泥），以及筛选块煤以外的其他筛选煤（含筛选混煤、筛选末煤、筛选粉煤）
01	5	0	水煤浆	4	21	
01	9	0	其他煤	4	21	含煤粉、煤球、煤砖、煤饼、蜂窝煤等煤制品，泥炭、风化煤及其他煤。不含煤矸石（列入 0897）
02 02	1	0	石油 原油	6	22	含天然原油、页岩原油、煤炼原油
02	2	0	汽油	6	22	含各种用途的汽油
02	3	0	煤油	6	22	含灯用煤油、喷气燃料及其他煤油
02	4	0	柴油	6	22	含轻柴油、重柴油及其他柴油

附件二为"铁路货物运价率表"，是用来查找不同运价号的货物的运价率的。

附件三为"铁路货物运输品名检查表"（简称"检查表"）。"检查表"由品名、拼音码、代码、整车运价号、零担运价号五部分组成。货物品类分大类、中类、小类和细目四个层次。代码由7位阿拉伯数字组成，在"分类与代码表"中的4位代码后面又加3位品名码。拼音码由不超过5个汉语拼音字母、阿拉伯数字、英文字母构成。根据品名，由左向右，汉字一般是取每字拼音的首音，构成拼音码。"检查表"中的品名是按其第一个字汉语拼音首音由A到Z顺序排列的。检查表也是用来判定货物的类别代码和确定运价号的工具。"铁路货物运输品名检查表"具体内容见表2.3.2。

表 2.3.2（a）　货物运输品名检查表（音序）（摘录）

品名	拼音码	代码	运价号		品名	拼音码	代码	运价号	
			整车	零担				整车	零担
4A 沸石	4AFS	05 62 001	4	22	氨水	AS	15 29 001	5	22
阿胶（药用）	AJY	25 20 003	5	22	氨水胶袋	ASJD	15 40 001	5	22
阿胶膏	AJG	25 20 002	5	22	氨压表	AYB	17 31 003	6	22
阿克拉明染色	AKLMR	15 60 003	5	22	鞍马	AM	24 92 001	5	22
阿立夫油	ALFY	15 99 006	5	22	铵梯炸药	ATZY	15 70 009	5	22
阿摩尼亚	AMNY	15 70 008	5	22	铵油炸药	AYZY	15 70 010	5	22
阿片	AP	25 20 006	5	22	犴茸（药材）	HRY	25 10 077	5	22
阿片酊	APD	25 20 007	5	22	按扣	AK	99 19 001	5	22
艾虎皮	AHD	23 41 001	5	22	按摩器	AMQ	17 16 001	6	22
艾绒（药材）	ARY	25 10 001	5	22	案秤	AC	17 35 001	6	22
艾叶（药材）	AYY	25 10 003	5	22	暗房灯	AFD	18 92 001	6	21
爱丽纱	ALS	23 21 001	5	22	暗室灯泡	ASDP	18 91 001	6	22
安瓿	AB	99 16 001	5	22	袄套	AT	23 33 001	5	22
安瓿灌封机	ABGFJ	17 19 001	6	22	澳拉关染色	ALGRS	15 60 004	5	22
安宫牛黄丸	AGNHW	25 20 001	5	22	B 超机	BCJ	17 16 002	6	22
安乃近	ANJ	25 20 004	5	22	八卦丹	BGD	25 20 010	5	22
安乃近针	ANGZ	25 20 005	5	22	八角	BJ	22 29 001	5	22
安培表	APB	17 31 001	6	22	八角鼓	BJG	24 93 004	5	22
安全带	AQD	23 39 001	5	22	八醛	BQ	15 30 004	5	22
安全灯	AQD	18 92 002	6	21	八珍酒	BZJ	22 31 002	5	22
安全阀	AQF	17 15 001	5	22	巴比合金	BBHJ	05 61 002	5	21
安全链	AQL	16 99 001	5	22	巴豆	BD	25 10 004	5	22
安全帽	AQM	23 32 001	5	22	巴梨	BL	20 69 002	5	22
安全绳	AQS	23 39 002	5	22	巴黎绿	BLL	15 60 008	5	22
安全网	AQW	23 39 003	5	22	扒钉	BD	16 91 001	5	21
安全仪器	AQYQ	17 31 002	6	22	拔河绳	BHS	24 92 004	5	22
安全闸	AQZ	17 15 002	6	22	拔帽机	BMJ	17 19 012	6	22

品名	拼音码	代码	运价号 整车	运价号 零担	品名	拼音码	代码	运价号 整车	运价号 零担
安妥（农药）	ATN	13 21 003	2	22	拔棉杆机	BMGJ	19 10 002	4	22
安息香（药材）	AXXY	25 10 002	5	22	拔秧机	BYJ	19 10 003	4	21
安息香酸苯酯	AXXSB	15 99 008	5	22	白胺基烘漆	BAJHQ	15 60 005	5	22
安息香酸甲酯	AXXSJ	15 99 009	5	22	白板纸	BBZ	24 21 002	5	22
安息香酸戊酯	AXXSW	15 99 010	5	22	白报纸	BBZ	24 21 001	5	22
安息香酸乙酯	AXXSY	15 99 011	5	22	白布	BB	23 21 003	5	22
桉叶糖	AYT	22 21 001	5	22	白菜种子	BCZZ	21 93 001	5	22
桉叶油素	AYYS	15 99 012	5	22	白参	BS	25 10 016	5	22
氨分器	AFQ	17 19 002	6	22	白葱片（鲜）	BCPX	20 50 003	5	21
氨基烘漆	AJHQ	15 60 001	5	22	白涤丝绸	BDSC	23 21 004	5	22
氨基乙苯胺	AJQBA	15 99 004	5	22	白度计	BDJ	17 31 005	6	22
氨基乙酸	AJYS	15 99 005	5	22	白垩	BE	08 11 001	2	21
氨基绉纹漆	AJZWQ	15 60 002	5	22	白矾	BF	15 99 020	5	22
氨三乙酸	ASYS	15 99 007	5	22	百粉（涂料）	BFT	15 60 007	5	22

表 2.3.2（b） 货物运输品名检查表（代码序）（摘录）

品名	拼音码	代码	运价号 整车	运价号 零担	品名	拼音码	代码	运价号 整车	运价号 零担
褐煤	HM	01 10 001	4	21	煤炼原油	MLYY	02 10 001	6	22
混煤	HM	01 10 002	4	21	天然原油	TRYY	02 10 002	6	22
炼焦烟煤	LJYM	01 10 003	4	21	原油	YY	02 10 003	6	22
无烟煤	WYM	01 10 004	4	21	页岩原油	YYYY	02 10 004	6	22
一般烟煤	YBYM	01 10 005	4	21	航空汽油	HKQY	02 20 001	6	22
原煤	YM	01 10 006	4	21	裂解汽油	LJQY	02 20 002	6	22
烟煤	YM	01 10 007	4	21	汽油	QY	02 20 003	6	22
炼焦精煤	LJJM	01 20 001	5	21	灯用煤油	DYMY	02 30 001	6	22
洗精煤	XJM	01 20 002	5	21	航空煤油	HKMY	02 30 002	6	22
其他洗精煤	QT999	01 20 999	5	21	煤油	MY	02 30 003	6	22
褐块煤	HKM	01 30 001	4	21	喷气燃料	PQRL	02 30 004	6	22
块煤	KM	01 30 002	4	21	柴油	CY	02 40 001	6	22
筛选块煤	SXKM	01 30 003	4	21	轻柴油	QCY	02 40 002	6	22
无烟块煤	WYKM	01 30 004	4	21	重柴油	ZCY	02 40 003	6	22
洗块煤	XKM	01 30 005	4	21	精重油	JZY	02 50 001	6	22
烟块煤	YKM	01 30 006	4	21	重油	ZY	02 50 002	6	22
粉煤	FM	01 40 001	4	21	表油	BY	01 60 001	6	22
末煤	MM	01 40 002	4	21	泵油	BY	01 60 002	6	22

品名	拼音码	代码	运价号		品名	拼音码	代码	运价号	
			整车	零担				整车	零担
煤泥	MN	01 40 003	4	21	变压器油	BYQY	01 60003	6	22
筛选粉煤	SXFM	01 40 004	4	21	淬火油	CHY	01 60 004	6	22
筛选混煤	SXHM	01 40 005	4	21	齿轮油	CLY	01 60 005	6	22
筛选煤	SXM	01 40 006	4	21	柴油机油	CYJY	01 60 006	6	22
筛选末煤	SXMM	01 40 007	4	21	车轴油	CZY	01 60 007	6	22
洗粉煤	XFM	01 40 008	4	21	导轨油	DGY	01 60 008	6	22
洗混煤	XHM	01 40 009	4	21	电缆油	DLY	01 60 009	6	22
洗煤	XM	01 40 010	4	21	电器绝缘用油	DQJYY	01 60 010	6	22
洗末煤	XMM	01 40 011	4	21	电容器油	DRQY	01 60 011	6	22
洗选煤	XXM	01 40 012	4	21	导热油	DRY	01 60 012	6	22
洗原煤	XYM	01 40 013	4	21	防潮油	FCY	01 60013	6	22
洗中煤	XZM	01 40 014	4	21	纺锭油	FDY	01 60 014	6	22
水煤浆	SMJ	01 50 001	4	21	防冻液	FDY	01 60 015	6	22
风化煤	FHM	01 90 001	4	21	防护油	FHY	01 60 016	6	22
蜂窝煤	FWM	01 90 002	4	21	缝纫机油	FRJY	01 60 017	6	22
腐植酸	FZS	01 90 003	4	21	防锈油	FXY	01 60 018	6	22
红煤粉	HMF	01 90 004	4	21	防锈脂	FXZ	01 60 019	6	22
煤饼	MB	01 90 005	4	21	钙基脂	GJZ	01 60 020	6	22
煤粉	MF	01 90 006	4	21	合成润滑脂	HCRHZ	01 60 021	6	22
煤球	MQ	01 90 007	4	21	航空润滑脂	HKRHZ	01 60022	6	22
煤砖	MZ	01 90 008	4	21	机床油	JCY	01 60 023	6	22
泥炭	NT	01 90 009	4	21	机械油	JXY	01 60 024	6	22
其他煤	QT999	01 90 999	4	21	机械用脂	JXYZ	01 60 025	6	22

附件四为"货物运价里程表"（简称"里程表"），包含查找车站和里程的方法以及计算里程的方法，具体包括以下内容：

· 管辖线路分界示意图；

· 各条线路之间的接算站示意图；

· 零担办理站站名表；

· 集装箱办理站站名表；

· 线名索引表；

· 站名索引表；

· 营业线里程表及各站的最大起重能力以及办理限制；

· 铁路和水路货物联运换装站到码头线里程表；

·国际联运国境站到国境线里程表。

使用"里程表"可以很快查到需要查找的站名，确定运价里程。

② 四个附录。

附录一为铁路电气化附加费核收办法，附录二为新路新价均摊运费核收办法（目前费率暂为零），附录三为铁路建设基金计算核收办法，附录四为超重货物分级表。其中，附录一、三分别规定了核收电气化附加费和铁路建设基金的计费重量、费率、计费里程、计算方法与尾数的处理方法等。

2.《铁路货物装卸作业计费办法》

《铁路货物装卸作业计费办法》适用于在国家铁路和国铁控股合资铁路的车站内进行装卸的火车、汽车（或其他车辆）、船舶作业以及货场内的搬运作业，包括机械、人力或人机混合作业。该办法的主要内容包括铁路货物装卸作业计费方法及附表铁路整车货物装卸搬运作业费率表、铁路零担货物装卸搬运费率表、铁路通用集装箱装卸综合作业费率表、空集装箱装卸和中转、换装综合作业及集装箱货场内搬运费率表。

3.《铁路货物保价运输办法》

《铁路货物保价运输办法》适用于要求铁路办理保价运输的托运人及承运人。要求铁路办理保价运输的托运人应按该办法规定支付货物保价费。该办法规定了保价费核收办法、承运人承担的赔偿责任、承运人不承担的赔偿责任等内容，以及附表"保价费率表"。

4.《货车使用费核收暂行办法》

该办法适用于专用线内（包括铁路的段管线、厂管线，下同）及其他根据规定由托运人、收货人自行组织装卸的铁路货车，专用铁路内装卸的铁路货车。专用线内及其他根据规定由托运人、收货人自行组织装卸的货车，在规定的装卸作业标准时间内完成装卸作业时，免收货车使用费，超过规定的装卸作业标准时间后，核收货车使用费。该办法包括货车使用费核收方法及附表"货车装、卸作业时间最长标准和货车使用费费率表"。

二、运费的计算因素

（一）运费计算程序及公式

1. 运费计算程序

（1）根据货物运单上填写的货物名称查找"铁路货物运输品名分类与代码表"（附件一）、《铁路货物运输品名检查表》（附件三），确定适用的运价号。

（2）根据运价号分别在"铁路货物运价率表"中查出适用的运价率（即基价1和基价2，以下同）。

（3）根据发、到站，按《货物运价里程表》（附件四）计算出发站至到站的运价里程。

（4）根据货物种类、重量，确定计费重量。

（5）货物适用的基价1加上基价2与货物的运价里程相乘之积后，再与计费重量（集装箱为箱数）相乘，计算出运费。

2. 整车货物运费计算公式

按现行《价规》货物计费公式如下。

按重量计费时：运费=（基价1+基价2×运价里程）×计费重量

按轴数计费时：运费=（基价2×运价里程）×轴数

（二）运价里程

运价里程根据"里程表"按照发站至到站间国铁正式营业线最短径路计算，但里程表内或铁道部规定有计费经路的，按规定的计费经路计算运价里程。

下列情况发站在货物运单内注明，运价里程按实际路经由计算：因货物性质（如鲜活货物、超限货物等）必须绕路运输时；因自然灾害或其他非铁路责任，托运人要求绕路运输时；属于五定班列运输的货物，按班列经路运输时。

承运后的货物发生绕路运输时，仍按货物运单内记载的经路计算运输费用。

实行统一运价的营业铁路与特价营业铁路直通运输时，运价里程分别计算。

押运人乘车费由发站按国铁的运价里程（含办理直通的铁路局临管线和工程临管线）计算，通过合资、地方铁路的将其通过的合资、地方铁路运价里程合并计入，在合资、地方铁路到发的计算到合资、地方铁路的分界站。

（三）运价号

按照货物运单上填写的货物品名，查找"分类与代码表"或"检查表"，确定出该批货物适用的运价号。

铁路所运输的货物，其品类、规格、形状繁多，为方便体现货物种别、运输类别和距离别的差别运价，便于货物运费的计算，需要对货物品名及其适用的运价加以科学的分类和合理的编排，并给予一个固定的编号（或代码号）即运价号。用运价号来反映货物等级并列示于表上，在计算运费时，可以直接从表中查出所适用的运价等级。

现行的"货物运输品名分类与代码表"（简称"分类与代码表"）的分类原则，以货物的自然属性和铁路运输的特点为主要依据。凡属于统一生产行业、统一生产系列或生产性质接近的产品，合并为一类。在"类"之下又分为若干"项"，现行"分类与代码表"共分26类，整车（含冷藏车）货物运价号分为8个（1～7、机械冷藏车）。

（四）运价率

铁路货物运价率是根据运价号相应制定出对应于每一运价号的基价1和基价2。基价1是货物在发站及到站进行发到作业时单位重量（箱数）的运价，它只与计费重量（箱数）有关，与运价里程无关。基价2是指货物在途运输期间单位重量（箱数）每一运价公里的运价，它既与计费重量（箱数）有关又与运价里程有关。

货物运价率反映各类货物在一定运价里程内的运价水平。为了计算方便，货物运价率以"货物运价率表"的形式列示，见表2.3.3。

货物运费按照承运当日实行的运价率计算，杂费按照发生当日实行的费率核收。按一批办理的整车货物，运价率不同时，按其中高的计费。

表 2.3.3　铁路货物运价率表

办理类别	运价号	基价 1		基价 2	
		单位	标准	单位	标准
整车	1	元/t	7.40	元/t · km	0.056 5
	2	元/t	7.90	元/t · km	0.065 1
	3	元/t	10.50	元/t · km	0.070 0
	4	元/t	13.80	元/t · km	0.075 3
	5	元/t	15.40	元/t · km	0.084 9
	6	元/t	22.20	元/t · km	0.114 6
	7			元/t · km	0.402 5

注：整车农用化肥基价 1 为 4.40 元/t、基价 2 为 0.030 5 元/t · km。

（五）计费重量

用来计算运输费用的货物重量称为计费重量。货物运费与计费重量有关，因此，计算运费时，首先应根据所运送的货物确定计费重量。整车货物运费计费重量单位为 t（t 以下四舍五入）。

（六）尾数处理

计算出的每项运费、杂费均以元为单位，尾数不足 1 角时，按四舍五入处理。

三、整车货物运费计算

（一）一般整车货物运费

1. 计费重量

（1）一般情况下，整车货物均按货车标记载重量（简称标重）计算运费，货物重量超过标重时按货物重量计费。计费重量以 t 为单位，t 以下四舍五入。

（2）下列情况下，使用规定车种车型装运特定货物按规定计费重量计算，货物重量超过规定计费重量的按货物重量计费：

矿石车、平车经铁路局批准装运"品名分类与代码表"01（煤）、0310（焦炭）、04（金属矿石）06（非金属矿石）、081（土、砂、石、石灰）、14（盐）类货物计费重量为 40 t。

（3）车辆换长超过 1.5 m 的货车（D 型长大货物车除外），未明定计费重量的，按其超过部分以每米（不足 1 m 的部分不计）折合 5 t 后与 60 t 相加之和计费。

（4）米、准轨间换装运输的货物，均按发站的原计费重量计费。

2. 运价率

根据托运人在货物运单上所填写的货物名称，按照铁路货物运输品名分类与代码表查出该批（项）货物所适用的运价号，按承运当日实行的运价率，查出该批货物适用的运价率。

（1）按一批办理的整车货物，当运价率不同时，按其中高的运价率计费。

（2）运价率加（减）成的确定：铁路货物运输品名分类与代码表中规定的加（减）成应先计算出其适用的运价率后，再按下述规定进行加（减）成计算：一批或一项货物，运价率适用于两种以上减成率计算运费时，只适用其中较大的一种减成率；一批或一项货物，运价率适用于两种以上加成率时，应将不同的运价率相加之和作为适用的加成率；一批或一项货物，运价率同时适用于加成率和减成率时，应以加成率和减成率相抵后的差额作为适用的加（减）成率。

（二）快运货物运费

按快运办理的货物的运费计算同不按快运办理的货物，但需加收快运费。快运费的费率为该批货物运价率的30%。

（三）自备、租用车的运费

（1）托运人自备货车或租用铁路货车（不论空重）用自备机车或租用铁路机车牵引时，按照全部列车（包括机车、守车）的轴数与整车7号运价率计费。

（2）托运人自备货车或租用铁路货车装运货物用铁路机车牵引，或铁路货车装运货物用该托运人机车牵引运输时，按所装货物运价率减20%计费。

（3）托运人的自备货车或租用的铁路货车空车挂运时，按7号运价率计费。

（4）自备或租用铁路的客车、餐车、行李车、邮政车、专用工作车挂运于货物列车时，空车按7号运价率加100%和标重计费，装运货物时按其适用的运价率加100%和标重计费。但换长为1.5 m以下的专用工作车不装货物时不加成。

（5）随车人员按押运人乘车费收费。

（四）自备货车装备物品及集装箱用具的回送费

（1）托运人自备的货车装备物品（禽畜架、篷布支架、饲养用具、防寒棉被、粮谷挡板、支柱等加固材料）和运输长大货物用的货物转向架、活动式滑枕或滑台、货物支架、座架及车钩缓冲停止器，凭收货人提出的特价运输证明书回送时，不核收运费。

（2）托运人自备的可折叠（拆解）的专用集装箱、集装笼、托盘、网格、货车篷布，装运卷钢、带钢、钢丝绳的座架、玻璃集装架和爆炸品保险箱及货车围挡用具，凭收货人提出的特价运输证明书回送时，整车按2号运价率计费。

四、运输变更及运输阻碍运费计算

（一）货物运输变更运费

托运人或收货人要求货物运输变更时，应提出领货凭证和货物运输变更要求书办理运输变更。

（1）货物发送前取消托运时，由发站处理，运输合同即终止，相应运单、货票作废。

费用清算：由发站退还全部运费和按里程计算的杂费，如货物运费低于变更手续费时，免收变更手续费，但不退还运费。

（2）货物发送后，托运人或收货人要求变更到站（包括同时变更收货人）时，变更处理站在承运人记载事项栏内记载有关变更事宜，并将变更事项记入货票内。

费用清算：运费与押运人乘车费应按发站至处理站，处理站至新到站分别计算，由到站向收货人清算。运输费用多退少补。

（3）货物发送后，托运人或收货人要求变更收货人，变更处理站在承运人记载事项栏记载有关变更事宜，并记入货票内。

费用清算：由到站核收变更手续费。

（二）运输阻碍运费

对已承运的货物，因自然灾害发生运输阻碍变更到站时，处理站应在货物运单和货票上记明有关变更事项。新到站处理运费如下：

（1）运费按发站至处理站与自处理站至新到站的实际经由里程合并通算。若新到站经由发站至处理站的原经路时，计算时应扣除原经路的回程里程，杂费按实际发生核收。

（2）运输阻碍免收变更手续费。

五、货运其他费用

（一）特殊运价

根据国家有关政策规定，国家计委、铁道部对临管铁路和部分新线实行特殊运价，按每 t·km 计费，如大秦、京秦、京原、丰沙大煤炭分流运价，京九、京广分流加价等。

（二）杂　费

运输费用除运费外，还包括货物运送过程中实际发生的各种杂费。

铁路货运杂费是以铁路运输的货物在自承运至交付时的全过程中，铁路运输企业向托运人、收货人提供的辅助作业和劳务，以及托运人或收货人额外占用铁路设备、使用用具和备品所发生的费用，均属于货物运输杂费，简称为货运杂费。

1. 核收依据

铁路货运杂费的收费项目及收费标准均按《价规》规定。

铁路货物运输营运中的杂费按实际发生的项目和《价规》中"铁路货运营业杂费费率表"（见表 2.3.4）的规定核收。

表 2.3.4　铁路货运营运杂费费率表（摘录）

顺号	项目		单位	费率
1	表格材料费	运单		
		普通货物	元/张	0.10
		国际联运货物	元/张	0.20
		货签		
		纸制	元/个	0.10
		其他材料制	元/个	0.20
		施封锁材料费（承运人装车、箱的除外）	元/个	1.50

顺号	项目		单位	费率
2	取送车费	整车	元/车公里	9.00
3	机车作业费		元/半小时	90.00
4	押运人乘车费		元/人百公里	3.00
5	货车篷布使用费	D型篷布 500 km 以内	元/张	120.00
		D型篷布 501 km 以上	元/张	168.00
		其他篷布 500 km 以内	元/张	60.00
		其他篷布 501 km 以上	元/张	84.00

用铁路机车往专用线、货物支线（包括站外出岔）或专用铁路的站外交接地点调送车辆时，核收取送车费。计算取送车费的里程，应自车站中心线起算，到交接地点或专用线最长线路终端止，里程往返合计（不足 1 km 的尾数进整为 1 km），取车不另收费。

向专用线取送车，由于货物性质特殊或设备条件等原因，托运人、收货人要求加挂隔离车时，隔离车按需要使用的车数核收取送车费。

托运人或收货人使用铁路机车进行取送车辆以外的其他作业时，另核收机车作业费。

派有押运人押运的货物，核收押运人乘车费。

使用铁路货车篷布苫盖货车时，向托运人核收货车篷布使用费。

延期使用运输设备、违约及委托服务费用，按实际发生的项目和"延期使用运输设备、违约及委托服务杂费费率表"（见表 2.3.5）的规定核收。

表 2.3.5 延期使用运输设备、违约及委托服务杂费费率表（摘录）

顺号	项目			单位	费率
1	过秤费	整车轨道衡		元/车	30.00
		整车普通磅秤		元/吨	1.50
2	货物暂存费	整车货物		元/车日	60.00
3	专用线、专用铁路货车使用费	般货车	1～10	元/车小时	2.00
			11～20	元/车小时	4.00
			21～30	元/车小时	6.00
			30 h 以上	元/车小时	10.00
		罐车	1～10	元/车小时	3.00
			11～20	元/车小时	6.00
			21～30	元/车小时	9.00
			30 h 以上	元/车小时	12.00
5	货车篷布延期使用费			元/张日	30.00
		D型篷布		元/张日	60.00
6	货物运输变更	变更到站、变更收货人	整车货物	元/批	300.00
		发送前取消托运		元/批	100.00
	清扫除污费		货位清扫散堆装货物	元/车	2.00
			货车清扫	元/车	10.00
			除污费	元/车	120.00

由托运人确定重量的货物，经承运人复查重量超过时，核收货物过秤费。

货物暂存费在应收该费时间段的前三日，按规定的费率计费，自第四日起，允许铁路运输企业根据各地的不同情况适当上浮，上浮幅度最大不得超过规定费率的300%，下浮幅度最大不得超过规定费率50%，并报铁道部备案。

在专用线（含铁路的段管线、厂管线）、专用铁路内装卸及其他按规定由托运人、收货人自行装卸的铁路货车（D型长大货物车除外），核收货车使用费。

使用铁路货车篷布超过规定使用期限的，核收货车篷布延期使用费。

承运后发现托运人匿报、错报货物品名填写运单，致使货物运费减收或危险货物匿报、错报货物品名按一般货物运输时，按批核收全程正当运费两倍的违约金，不另补收运费差额。

承运后发现整车货物超过计费重量但未超过货车规定容许载重量时，到站对超过部分按该批货物适用的运价率补收全程正当运费；发现整车货物重量超过货车规定的容许载重量时，除补收全程正当运费的差额外，另对超过货车规定的容许载重量的部分，核收其运费额五倍的违约金。

运杂费迟交金，从应收该项运杂费之次日起至付款日止，每迟延一日，按运杂费（包括垫付款）迟交总额的3‰核收。

整车货物托运人在货场内自装或收货人自带装卸人员提货，未及时将货位清扫干净的，向托运人或收货人核收货位清扫费。

货位清扫、货车洗刷除污费用，允许铁路局根据各地的不同情况适当提高，但最高不得超过规定费率的一倍，并报铁道部备案。

租用或占用铁路运输设备的，按实际发生的项目和"租、占用运输设备杂费费率表"的规定核收。

整车货物装卸费以及准、米轨间整车货物直通运输换装费，按《铁路货物装卸作业计费办法》（见表2.3.6）的规定计费。

表2.3.6　铁路整车货物装卸搬运作业费率表　　　　　　　单位：元/吨

项目名称 费率	费率号	装卸费率	站内搬运费率		备注
			基距内（30m）	每超基距1～30m	
普通成件包装（不属于下列各项）货物只按重量承运，不计算件数的货物 易碎货物	1	4.30	2.60	1.30	1.散袋沙（砂）减20%计费。 2.煤泥、焦炭、铝矾土、片石、料石、方石、条石、石荒料、生铁锭、钢铁边角料（切头）和易碎货物加20%计费。
竹、木材水泥制品	3	6.60	4.00	2.00	
重件货物 每件重量201～1 000 kg以上的货物	4	7.60	4.60	2.30	1.钢材均按5号费率计费。 2.组成的汽车、摩托车、拖斗车、控制屏、船舶，金属制箱、罐加20%计费。 3.货物单件重量超过车站最大起重能力的，由货主与装卸单位协议定价。
重件货物 每件重量1 001～5 000 kg以上的货物	5	11.30	6.80	3.40	
重件货物 每件重量5 001 kg以上的货物	6	15.60	9.40	4.70	

整车货物装费由发站向托运人核收，卸费由到站向收货人核收，准、米间整车货物直通运输的换装费，从米轨发运的由发站向托运人核收，从准轨发运的由到站向收货人核收。

货物保价费，按货物保价金额和规定的费率计算（见表 2.3.7）。

表 2.3.7　货物保价费率表（摘要）

货物品类	保价费率（‰）	货物品类	保价费率（‰）
煤	1	盆景、盆花	10
石油	4	农副产品	1
钢铁及有色金属	2	油料、糖料	2
非金属矿石	1	其他农副产品、鲜蔬菜	4
水泥	4	植物种子	2
木材	1	食物植物油	2
粮食	2	食糖	4
棉花	3	肉、蛋、奶制品、罐头	6
化肥及农药	2	饮料、酒	4
盐	1	茶叶、紧压茶（边销）其他饮料	3
化工品	3		
工业机械	2	纺织品、皮革、毛皮及其制品	3
医疗器械	3	纸浆	1
仪器、仪表、量具	4	纸、纸板、其他纸制品	3
仪器、仪表元、器件	3	印刷品、课本	1
辅助玻璃仪器	6	乐器	6
钟、表、定时器	4	玩具、童车	3
衡器、量具	3	磁带、软磁盘、唱片	4
电力设备	2	鬃、马尾、蚕壳	3
通信、广播电视设备	3	蚕蛹、蚕沙	
日用电器、特定音像机器、特定调温电器	6	干果、子实、子仁果核、果皮	6
洗衣机、其他日用电器	3	中药材，中成药、西药及其他医药品	3
电子计算机及其外部设备	6		
农业机具	1	搬家货物、行李	3

2. 杂费计算及尾数的处理

杂费的核收按照《铁路运杂费核收管理办法》规定进行核收。杂费计算公式如下：

$$杂费 = 杂费费率 \times 杂费计费单位$$

各项杂费不满一个计算单位的，均按一个计算单位计算（另定者除外）。货运杂费按实际发生核收，未发生的项目不准核收。

杂费的尾数不足 1 角时按四舍五入处理。

（三）电气化附加费、铁路建设基金

1. 电气化附加费

货物经由国家铁路正式营业线和实行统一运价的运营临管线电气化区段时应核收铁路电气化附加费，由发站一次核收。其计算公式为：

$$电气化附加费=费率×计费重量（箱数或轴数）×电化里程$$

式中　费率——电气化附加费费率，整车货物为 0.012 00 元/t·km；

　　　计费重量——整车货物按该批货物运费的计费重量计算，货物运单内分项填记重量的货物，按运费计费重量合并计算；

　　　电气化里程——按该批货物经由国铁正式营业线和实行统一运价的运营临管线电气化区段（见附件）的运价里程合并计算。

铁路电气化附加费的尾数不足 1 角按四舍五入处理。

免收运费的货物免收铁路电气化附加费。

货物承运后发生运输变更时，按《铁路货物运价规则》处理运费的方法处理。

承运后发现托运人确定的货物重量不符，致使铁路电气化附加费少收时，到站应按正当铁路电气化附加费补收。

货票填制及报表列报：电气化附加费在货票上另行填记，在收入报表内以"电化费"列报。

2. 铁路建设基金

货物经由国家铁路正式营业线和实行统一运价的运营临管线时应核收铁路建设基金。其计算公式为：

$$铁路建设基金=费率×计费重量（箱数或轴数）×运价里程$$

式中　费率——铁路建设基金费率，整车其他货物为 0.033 元/t·km、农药为 0.019 元/t·km、磷矿石为 0. 028 元/t·km，整车化肥、黄磷免征铁路建设基金；

　　　计费重量——整车货物按该批货物运费的计费重量计算，货物运单内分项填记重量的货物，按运费计费重量合并计算；

　　　运价里程——按国铁正式营业线和实行统一运价运营临管线的运价里程计算。

铁路建设基金的尾数不足 1 角按四舍五入处理。

免收运费的货物、站界内搬运的货物免收铁路建设基金。

货物承运后发生运输变更时，按《铁路货物运价规则》处理运费的方法处理。

承运后发现托运人匿报、错报货物品名或货物重量不符，致使铁路建设基金少收时，到站除按正当铁路建设基金补收差额外，另核收该差额等额的违约金。

货票填制及报表列报：铁路建设基金在货票上另行填记，在收入报表内以"基金"列报。

（四）印花税

印花税属铁路代收费用，按运费的万分之五核收。印花税以元为单位，精确至分，分以下四舍五入。印花税起码价为 1 角。运费不足 200 元的货物免收印花税。

铁路货物运费结算凭证为印花税应税凭证，包括：货票（发站发送货物时使用）；运费杂费收据（到站收取货物运费时使用）；合资、地方铁路货运运费结算凭证（合资、地方铁路单独计算核收本单位管内运费时使用）。

上述凭证中所列运费为印花税的计费依据，包括统一运价运费、特价或加价运费、合资和地方铁路运费、电力附加费。对分段计费一次核收运费的，以结算凭证所记载的全程运费为计税依据；对分段计费分别核收运费的，以分别核收运费的结算凭证所记载的运费为计税依据。

六、卷钢装载加固定型方案

【方案一】卷钢敞车立装 编号：070305。

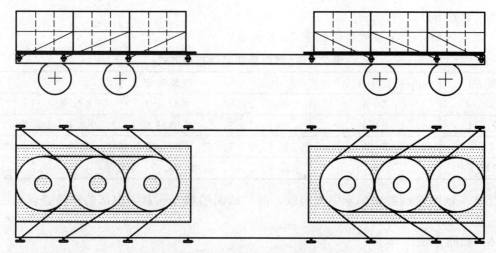

图 2.3.2　卷钢装载加固定型图

（1）货物规格：卷钢，件重 9.1～10 t，卷径≥1 300 mm。

（2）准用货车：60 t、61 t 通用敞车（C_{62}、C_{62M}、C_{65} 除外）。

（3）加固材料：6.5 mm 盘条，挂钩，稻草垫。

（4）装载方法：每车装 6 件，每端装 3 件，分别靠车辆两端墙向车辆中部连续装载。

（5）加固方法：

① 卷钢与车地板之间铺垫稻草垫。

② 用盘条 6 股对每组卷钢按图示方法拉牵加固，捆绑在车侧丁字铁上，拉牵高度不得小于卷钢板宽的 1/2。

③ 为防止松脱，每组卷钢上至少在对称的两处用挂钩将盘条吊挂牢固。

【方案二】电缆装载：编号 060307，外径 2 500～2 850 mm 电缆成型加固方案。

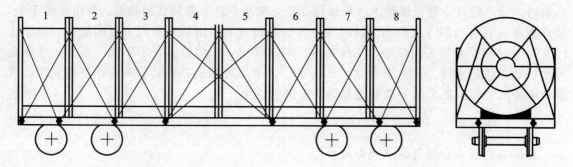

图 2.3.3　电缆装载加固定型图

（1）货物规格：盘径 φ2 500～2 850 mm，高 1 460～1 780 mm，件重小于 14 t。

（2）准用货车：60 t、61 t 通用敞车（C_{62}、C_{62M}、C_{65} 除外）。

（3）加固装置：木座架。

（4）加固材料：8 号镀锌铁线。

（5）装载方法：

① 顺向卧装，全车装载件数按表 2.3.8 执行。

表 2.3.8　顺向卧装装载布置方式

件重（t）	每车装载件数（件）	装载布置方式
11～14	5～4	按 1，2，中，7，8 位或 1，2，7，8 位装
9～11	6～5	按 1，2，3，6，7，8 位或 1，2，中，6，7 位装
7～9	7～6	按 1，2，3，中，6，7，8 位或 1，2，3，6，7，8 位装
7 以下	8	按 1，2，3，4，5，6，7，8 位装

② 从车辆两端墙起向车辆中部装载，两端成组的相互靠紧，中部的单件装载对称，重量不超过 13 t。

（6）加固方法：

① 用镀锌铁线 4 股，通过电缆轴心孔将相邻电缆捆为一体。

② 车辆两端成组的电缆，分别用镀锌铁丝 10 股八字形或倒八字形拉牵，捆绑在车侧丁字铁上。

③ 车辆中部单件电缆的两侧各用镀锌铁丝 8 股又字形拉牵，捆绑在车侧丁字铁上。

（7）其他要求：

① 规格不同的电缆，可搭配装载。

② 加固线与货物及车辆棱角接触处采取防磨措施。

七、卷钢的运输组织

卷钢可使用敞、平车装载。卧装时，可使用钢、木座架，并采取加固措施。使用敞车立装时，每个轮盘下部垫横垫木（条形草支垫）或稻草垫。卷钢货物规格、使用车种车型、装载重量、装载加固方法和加固材料质量等必须符合所使用装载加固方案的规定。敞车车门及平车端侧板必须关闭良好，车体上沿、端部横梁、车门搭扣、丁字铁、车钩、手闸台等部位必须清扫干净，无残留杂物。严格执行铁路局对卷钢货物装车站实行资格管理，凡未经铁路局公布的装车站不准装运卷钢、带钢类货物。

（一）受理作业

卷钢货物装车必须符合下列办理条件：

（1）具备适应的场地及装车机械、照明等设备；

（2）路企装车作业人员熟练掌握装载加固基本要求、装载加固方案和作业流程；

（3）装车地点在专用线时，装车站货运人员一律在装车地点现场监装。装车地点应具备车站货运人员办公、通信、间休等设施。

需要办理卷钢货物的装车站，应根据货物运量由装车站申请，车站以正式文件向铁路局货运处提出申请，经路局同意后方可承运。在卷钢运输过程中，发生或发现严重装载加固质量问题时，车站将追究装车站领导责任。

（二）装车作业

车站根据卷钢货物使用的定型、暂行和试运方案，组织装车站按不同货物规格，制定带有图片和文字说明的装车作业流程，作为装车作业、检查和培训的主要依据。

卷钢装载作业控制流程如图 2.3.4 所示。

装车作业前，装车单位及车站货运人员要根据所使用方案，认真核对所装货物规格、重量、件数、加固材料（装置）规格质量等，与方案不符时不准装车。

卷钢货物限使用敞车、平车。严禁使用棚车类货车及集装箱装运，特殊情况须经铁路局货运处批准。

装车站应按照方案准用的车种车型，选用状态和质量良好的货车。装车前，装车单位要认真检查货车车体、车门、车地板是否完整良好，对车地板上残留的煤渣、矿石及其他杂物必须彻底清理干净，防止由于残杂物影响防滑效果。装车单位及装车站应使用轨道衡、汽车衡、货物标记重量等形式确定货物装载重量。货物装载重量不得超过货车标记载重量。货物装载方案有装载重量限制的，不得超过方案限装重量。

装车前，装车单位要根据使用方案内容确定装载位置并标画装载位置线，摆放防滑材料或装置。装车时，所装货物装载位置必须准确，与方案规定相符。卷钢试运方案使用稻草掩挡时，应根据卷钢直径和专业技术机构出具的挡距表，准确确定钢挡槽的挡槽间距。

装车时，装车单位应根据使用方案内容，对所装货物进行加固，加固方式必须与方案规定相符。加固线与货物和车辆棱角接触处，必须采取防磨措施。

装车后，敞车车门及平车端侧板必须关闭良好。装车单位应对车体上沿、端部横梁、车门搭扣、丁字铁、车钩、手闸台等部位残留杂物进行清扫。装车站货运及企业人员应按照装载加固方案对货物装载状态进行检查，确保装车质量达到要求，同时使用"卷钢货物装载加固质量签认单"进行签认，签认单保管期限为 180 天。

卷钢试运方案使用稻草掩挡时，签认单应增加"挡槽间距"项目进行检查签认。装车后，

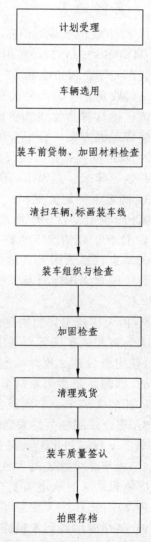

图 2.3.4　卷钢装载作业控制流程图

流程图节点：
计划受理 → 车辆选用 → 装车前货物、加固材料检查 → 清扫车辆，标画装车线 → 装车组织与检查 → 加固检查 → 清理残货 → 装车质量签认 → 拍照存档

装车站及装车单位应对货物装载状态拍照存查。照片应能反映货物装载加固状态全貌及关键细节。

（三）途中检查及处理

货检要加强对卷钢货物装载加固状态的检查，重点检查货物位移、加固线松动等装载加固和车辆端侧墙状态，发现问题要及时处理。车站新建的货车装载状态监控平台，要充分利用监控设备对卷钢货物超偏载检测数据和货车内部货物装载状态进行监控。发生超偏载检测报警时，必须确认无安全隐患后才可放行，对存在问题的货车必须扣车处理及拍照，并通过货检作业信息系统反馈。

凡中途站对扣整的卷钢问题货车，装车站要及时组织整理，整理后必须符合装载加固方案并拍照存查，经货运人员检查确认后放行。

 实例练习

1. 天津威柏斯特彩钢制品有限公司 5 月 10 日在南仓站托运卷钢 8 件，每件重 6 t（计划号 04N0098263457），使用标重 61t 的 $C_{64K}4900921$ 车装运，专用线装车，当日由托运人负责装车完毕，保价金额为：200 000 元，货票号码为：N018783，挂入 4801 次列车发往山海关站，收货单位为山海关长通器材有限公司。

请正确计算货物运输费用，填制货票，并根据货物特点参照《定型方案》选择合适的货物装载加固方案，分工合作完成这批货物的运输。

2. 确定下列货物品类代码及运价号：

矿砂、碎米、蒸馏水、矿泉水、童车。

3. 确定下列运价里程：

衢州—怀化、沈阳—南京东、天津—石家庄、大同—德州、太原北—丰台、锦州—乌西。

4. 计算下列情况下的整车货物运费及杂费：

天津京铁鑫诚国际货运代理有限公司在东大沽站发送一车铁矿粉，到站沙河驿镇，收货人为中国首钢国际贸易工程公司，运价里程 133 km，自装卸，保价 1.5 万元，其他条件自设。

5. 由天津建工集团物资供应中心专用线（距车站中心 1.5 km）装运 1 批铝锭到杨家口，收货人为河北铁矿国际贸易工程公司，运价里程 91 km，自装卸，保价 20 万元，货物重量 55 t，使用施封锁 2 枚。其他条件自设，计算发站运杂费。

6. 邯郸站到洛阳东站金属切割机床一车，货重 50 000kg，木箱包装 50 件，使用 P64 装运，托运人装车，车到新乡站托运人要求变更到孟庙站，问到站如何收费？

7. 邢台站到韶关站发送核桃，麻袋包装 500 件，货重 51 000 kg，使用 P60 装运，托运人装车，车到郑州北因水灾变更到西安西站，问到站如何收费？

8. 由甲站发往乙站生铁一车，使用 C62A 型车装载（机械作业），发站按 60 t 核收运费，货物到站后经轨道衡复查重量为 67.8 t，计算到站应核收的费用（运价里程 552 km，电化里程 279 km）。

9. 某站专用线到 5 辆棚车（路用车）卸，9 点 20 分送到专用线卸车地点，最后一辆车 14 点 30 分卸完（一批作业能力 5 辆，标准作业时间为 2 小时），计算该站应收多少货车延期占用费。

10. 张贵庄发秦皇岛南站一车化肥，使用 60 t 的棚车装运，押运 1 人，保价金额 25 万元，计算发站应核收的运杂费。

11. 南仓站内卸钢管 1 车，6 月 20 日卸车并通知收货人，收货人 6 月 27 日全部搬出并办理交款手续，计算应收暂存费。

12. 如图 2.3.5 所示，从甲站发往丁站一车钢材，使用 60 t 的敞车。当车行至丙站时遇自然灾害中断行车，托运人提出变更新到站戊站，试计算戊站应如何核收运杂费（假设运价里程与电气化里程相同）。

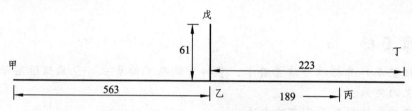

图 2.3.5 遇自然灾害中断行车示意图

13. 某公司从牡丹江站到沈阳站运输生铁一车（机械装载），用 C62A 敞车装运，发站按 60 t 核收运费，货物到站后复查重量为 68.6 t，超载 8.6 t（非轨道衡站），计算到站应核收费用（全程里程 899 km，基金里程 899 km，电化里程 543 km）。

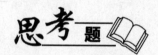

1. 装载加固定型方案包括哪些内容？
2. 常用装载加固材料包括哪些内容，如何使用？
3. 货物运费计算的程序及因素是什么？
4. 如何确定整车货物计费重量？
5. 运价率加（减）成如何确定？
6. 货运其他费用包括哪些内容？

项目三　包装货物运输组织

教学目标

（1）掌握整车作业标准与质量要求，掌握货物包装的要求、包装储运图示与货物堆码搬运装卸要求的关系；

（2）掌握棚车施封及篷布苫盖方法；

（3）了解箱装或桶装货物与袋装货物在运输组织工作中的异同，实现不同种类包装货物运输组织知识的迁移。

任务1　袋装货物的运输组织

任务描述

本任务主要是关于袋装货物运输组织的相关知识介绍与技能训练，是包装货物运输组织的重要组成部分。通过本任务的学习，使学生掌握棚车施封及篷布苫盖技能，能够正确组织货物安全码放和装卸车，正确识别各种包装储运标志，理解袋装货物装载加固定型方案，掌握包装货物的运输组织过程等。

一、棚车施封及篷布苫盖

保密物资、涉外物资、精密仪器、展览品，能用棚车装运的必须使用棚车，不得用其他货车代替；对于怕湿和易于被盗、丢失的货物，也应使用棚车装运。

（一）货车施封

货车和集装箱施封是货物（车）交接、划分运输责任的一项手段，是贯彻责任制、保证货物运输安全的重要措施。

使用棚车、冷藏车、罐车、集装箱运输的货物都应施封，但派有押运人的货物、需要通风运输的货物和组织装车单位认为不需施封的货物（集装箱运输的货物除外）以及托运的空集装箱可以不施封。

原则上是由组织装车（或装箱）单位在车（或集装箱）上施封。

施封的货车应使用粗铁线将两侧车门上部门扣和门鼻拧固并剪断燕尾，在每一车门下部门扣处各施施封锁一枚。施封后须对施封锁的锁闭状态进行检查，确认落锁有效，车门不能拉开，在货物运单或者货车装载清单和货运票据封套上记明 F 及施封号码（如 F146355、146356）。

发现施封锁有下列情形之一的，即按失效处理：
（1）钢丝绳的任何一端可以自由拔出，锁芯可以从锁套中自由拔出；
（2）钢丝绳断开后再接，重新使用；
（3）锁套上无站名、号码和站名或号码不清、被破坏。

（二）苫盖篷布

使用敞、平车装运易燃、怕湿货物，装载堆码要成屋脊形，使用篷布时要苫盖严密、捆绑牢固。绳索余尾长度不超过 300 mm。接缝处要顺向（按运行最远方向）压紧，且注意不能遮盖车号、车牌和手闸。篷布绳索捆绑，不得妨碍车辆手闸和提钩杆。两篷布间的搭头应不小于 500 mm。

篷布的质量、状态，直接影响到行车和货物的安全。因此，篷布破损或绳索不齐全，应进行更换。

承运人填写运单部分：

"铁路货车篷布号码"栏，填写该批货物所苫盖的铁路货车篷布号码。使用托运人自备篷布时，应将本栏划一⊗号。

"施封号码"栏，填写施封锁上的施封号码。

制票时，应根据货物运单将铁路篷布号码填制在货票、货运票据封套篷布号码栏内；自备篷布张数和号码填记在"记事"栏内。

装车使用的篷布必须质量良好，篷布绳齐全，标记、号码完整清晰。篷布不得横苫、垫车、苫在车内，不得代替装载加固材料。铁路篷布不得与自备篷布混苫。篷布苫盖应符合篷布苫盖标准规定。

（三）施封货车及苫盖篷布货车的途中作业

装车站按施封办理的货车在途中不得改按不施封办理。

中间站保留及甩挂作业的货物列车，由车站负责看护并保证货物安全，发生问题车站要及时处理。货物列车无改编作业时，货检站对货车的施封状态仅凭列车编组顺序表的有关记载检查施封是否有效，不核对站名、号码。货物列车有改编作业时，货检站对货车的施封状态交接时只核对站名，不核对号码。

货运检查发现问题的处理：问题的处理方法根据在装车站或在其他站而异，包括不接收，由交方编制记录、补封、处理后继运，车站换装或整理，苫盖篷布，拍发电报等。

货车整理：篷布苫盖不需要摘车处理时可在列整理，篷布苫盖不整或缺少腰绳时可摘车整理。

无运转车长值乘的施封货车及苫盖篷布货车检查，交接的内容以及发现问题的处理方法见表 3.1.1。

表 3.1.1　无运转车长值乘列车的交接、检查和处理

顺号	检查内容	发现的问题	处理方法
1	运输票据或封套	（1）货物运单或封套上封印号码被划掉、涂改未按规定盖章	编制记录并拍发电报证明现状继运。货车上无封印时，由发站确定是否补封
		（2）货物运单或封套以及编组顺序表记有铁路篷布；现车盖有铁路篷布，货物运单或封套以及编组顺序表未记载或记载张数不符	编制记录并拍发电报
2	货车的施封	（1）封印失效、丢失、断开或不破坏封印即能开启车门。	拍发电报并补封，是否清点货件由发现站确定
		（2）运输票据或封套上记载的封印站名或号码与现封不一致或发生涂改	核对站名，拍发电报。到站检查封印站名、号码
		（3）货车已施封，但未在运输票据或封套上记明封印号码。编组顺序表示"F"字样	编制记录证明现状继运。
		（4）未使用施材封锁施封（罐车和朝鲜进口货车除外）	拍发电报并补施施封锁
		（5）在同一车门上使用两个以上封串联施封	拍发电报并补封，如因车门技术状态无法补封时，车站以交方责任继运
		（6）货车两侧或一侧在车门上部施封	按现状拍发电报
		（7）施封货车的上部门扣未以铁线拧固（车门构造只有一个门扣或上部门扣损坏的除外）	由发现站拧固
3	装有货物的货车	（1）车门窗未按规定关闭（损坏的车窗已用木板、铁箱、木箱封固的除外）	由发现站关闭并拍发电报
		（2）货物损坏、被盗	拍发电报、编制记录进行处理
		（3）棚车车体可见部位损坏东西	拍发电报，并由车站处理
		（4）篷布（包括自备篷布）苫盖捆绑不牢、被刮掉或被割危及运输安全	及时进行整理。丢失或补苫篷布时由发现站拍发电报并编制记录
		（5）货物装载有异状或超过货车装载限界；支柱、铁线、绳索有折断或松动，货物有坠落可能；车门插销不严、危及运输安全；底开门车用一个扣铁关闭底开门（如所装货物能搭在底板横梁上，并且另一个搭扣处用铁线捆牢者除外）	由发现站按规定换装或整理并拍发电报。

（四）施封货车及苫盖篷布货车的到达作业

到达专用线或专用铁路的铁路货车篷布，收货人应于货车送到卸车地点或交接地点的次日起2日内送回车站。超过规定时间要核收篷布延期使用费。

卸车前，认真检查车辆、篷布苫盖、货物装载状态有无异状，施封是否完好。

拆封的技术要求：卸车单位在拆封前，应根据货物运单、货车装载清单或货运票据封套上记载的施封号码与施封锁号码进行核对，并检查施封是否有效。拆封时，从钢丝绳处剪断，不得损坏站名、号码。拆下的施封锁，对编有记录涉及货运事故的，自卸车之日起，须保留180天备查。

卸车时，必须核对运单、货票、实际货物，保证运单、货票、货物"三统一"。要认真监卸，根据货物运单清点件数，核对标记，检查货物状态。严格按照《铁路装卸作业技术管理规则》及有关规定作业，合理使用货位，按规定堆码货物。发现货物有异状时要及时按章处理。

卸车后，应将车辆清扫干净，关好车门、车窗、阀、盖，检查卸后货物安全距离，清好线路，将篷布按规定折叠整齐，送到指定地点存放。对托运人自备的货车装备物品和加固材料应妥善保管。

托运人、收货人组织装卸货物的交接：

托运人组织装车或收货人组织卸车的货物，发站与托运人、到站与收货人应按下列规定办理交接：

（1）施封的货车凭封印交接；

（2）不施封的货车、棚车凭货车门窗关闭状态交接，敞车、平车苫盖篷布的，凭篷布现状交接。

承运人组织装车，到站由收货人组织卸车的货物除按上款规定办理交接外，到站须派员至卸车地点会同收货人拆封、卸车（在专用铁路内卸车的货物，承运人应同收货人商定卸车办法）。

发站由托运人组织装车，到站由承运人组织卸车的货物，如托运人在货物运单内声明，或收货人事先向到站提出要求、办理交接手续时，到站应于卸车前通知收货人到场按本条第一款规定办理交接，并会同卸车。从承运人发出卸车通知时起，超过两小时收货人未到场，或托运人、收货人未要求办理交接手续的，到站应编制普通记录证明封印状况或货车现状后，以收货人责任拆封、卸车。

托运人组织装车的货物，发站发现有下列情况之一时，应由托运人改善后接收：

（1）凭封印交接的货物，发现封印脱落、损坏、不符、印文不清或未按施封技术要求进行施封；

（2）凭现状交接的货物，发现货物装载状态或所作的标记有异状或有灭失、损坏痕迹；

（3）规定应苫盖篷布的货物而未苫盖、苫盖不严、使用破损篷布或篷布绳索捆绑不牢固；

承运人与托运人或收货人在办理货物交接的同时，应办理货车篷布（包括自备篷布）交接。

（五）篷布回送

铁路篷布凭调度命令回送。车站填制"特殊货车及运送用具回送清单"一式两份，一份随车运送到站，一份留站存查（合资铁路、地方铁路回送铁路篷布时，应增加一份送交接站）。

回送到使用站的篷布必须是状态良好的运用篷布，回送到篷修所的篷布必须是待修或待报废篷布。运用篷布不得与待修或待报废篷布混装。

铁路篷布回送时，"特殊货车及运送用具回送清单"填记回送铁路篷布的总张数，并将铁路篷布号码准确填制在"货车篷布交接单"上。运用篷布填制一式两份，一份留站存查，一份随车运送至到站，待修或待报废篷布增加一份交篷布修理所。

铁路局管内可凭回送清单利用行李车（一批限 10 张以内）免费回送铁路篷布。行李员负责行李车回送篷布的交接。

跨局回送铁路篷布只限整车（每车不少于 100 张）装运，所需车辆应优先调配和挂运，不受停、限装限制。使用敞车回送时，苫盖的铁路篷布按回送铁路篷布统计。

铁路篷布回送，途中变更到站时，原到站与变更后到站不属同一铁路局的由铁道部篷布调度批准，其他情况由铁路局篷布调度批准。

铁路篷布回送，到站货运员应核对数量和号码，与实际不符时，应于 12 小时内向发站和发到局篷布调度拍发电报。发站无异议时，铁路局篷布调度按到站实收数调整；发站有异议时，应于三日内派人赴到站复查，并将结果通知铁路局篷布调度。

二、货物包装及堆码要求

（一）包装的定义与功能

包装是"为在流通过程中保护产品，方便储运，促进销售，按一定技术方法而采用的容器、材料及辅助物等的总称"，也是指"为了达到上述目的而采用容器、材料和辅助物的过程中施加一定的技术方法等操作活动。"包装物是指"盛装产品的容器及其他包装用品。"

从包装的定义可知，商品包装首先要具有一定的材料及其技术加工，这是产品包装的物质基础，同时还需要一定技术方法操作和处理手段才能形成一定成型的包装件。包装不仅要适用、可靠，而且还要经济、美观。通常情况下，包装应具有下列功能：

1. 盛装功能

产品有液体、气体和固体之分，而固体产品中又有粉状、粒状、块状之分，这些产品必须使用相应的包装盛装后，才能安全完整地经过流通领域，到达消费者手里。

2. 保护功能

产品在流通过程中由于产品本身的特性和外界环境自然因素及外力作用的影响，不仅危及产品本身的安全，有时还会污染和危及流通环境，如果采用可靠的包装就能保证安全。

为了防止流通过程中环境温度、湿度、光线等自然因素的影响应采用具有隔热、防湿、遮光性能的包装；为了防止外力作用的影响应采用具有防震缓冲性能的包装，这样能达到包装的保护功能。

此外，适度而可靠的包装还能够起到防盗、防劫和防遗失的作用。

3. 便利功能

各种产品通过包装达到了标准化的目的，不仅具有相同的重量，而且也有相同的标志和体积，便于有效地利用仓库和运载工具的装载能力，而且也便于装卸、搬运、清点和验收，缩短了流通过程中的各种作业时间，减轻劳动强度、减少货损、货差，提高作业效率。

4. 识别功能

在产品包装上应印刷或涂打各种标志和图案，用以说明商品的名称、用途、标重、体积、简要的使用方法和出厂名称、地址，以及运输、装卸等指示标志。

这些明显的标示可以使人们正确无误地确认该种商品特性和储运要领，从而在各种领域和各种作业环节中有效地防止误认和错装的现象发生。

5. 效益功能

商品也要美化包装，一个结构精巧、图案别致、形式新颖、色彩柔和的包装往往能起到美化和宣传商品，促进商品销售的作用，从而会提高商品的经济效益。

（二）包装的分类和货物包装的作用

包装分类方法很多，按制作材料可分为纸制包装、木制包装、金属制包装、玻璃陶瓷制包装、塑料制包装和编织材料制包装等；按包装容器类型可分为箱型、桶型、袋类、筐类、包类、捆类、坛缸瓶类与集合包装（如集装袋、集装架、集装笼、集装笼、托盘等）；按包装的密封性能分为密封包装和非密封包装两种；按包装抗御变形能力分为硬性包装（不易变形的刚性包装）和软包装（各种袋类的柔性包装）两种；按包装要求可分为专用包装（专为某一种货物而设计制造的包装）和通用包装（用来包装无特殊要求的货物包装）两种；按包装的目的可分为销售包装、运输包装和集合包装。

根据包装所装货物的不同，运输包装可分为普通货物包装、易腐货物包装、危险货物包装等。货物包装是保护货物在运输过程中安全的基础，其作用如下：

（1）防止货物因接触雨雪、潮湿空气、阳光、杂质而变质或发生剧烈的化学反应而造成事故。

（2）防止因货物的撒漏、挥发及性质相互抵触的货物直接接触而发生事故或污染运输设备与其他货物。

（3）减少货物在运输过程中所受的撞击、摩擦，使其在包装的保护下处于完整和相对稳定状态，以保证运输安全。

（4）便于装卸、搬运和保管，以便及时运输，提高车辆的载重量。

（三）货物包装的要求

运输环境就是物流环境，是指包装件在运输过程中所处的环境，也是指货物运输过程中包装件及其内装物所经受的物理、化学和生物条件，其中包括自然环境、社会环境、运载工具、包装及内装物自身以及其他外部因素所诱发的环境条件，归结起来有两种主要因素，即承受的自然因素和遭受的外力因素。

自然因素包括环境温度、湿度、光线、雨雪、微生物、虫害以及各种有害气体等环境状况的变化，往往招致环境温、湿度的变化，这样不仅会造成微生物迅速且大量的繁殖，而且会由于细菌和害虫的侵入而使商品变质和腐败。同时，随着某些包装材料含水率的变化而使包装材料强度降低，从而致使内装物品的质量受到损害。还有许多物品对光线非常敏感，如紫外线、红外线以及其他光线直射到物品上时，就会使物品的色、味、香等发生变化。如果采用适当的包装加以保护，就会大大防止这些在流通环境中的自然因素的影响。适度地控制温度、湿度变化，就能防止细菌、害虫的侵入，防止光线的直射，从而能保护物品的质量完好。

外力因素包括垂直静载荷、冲击、震动等，在产品的存储过程中层层堆码，从而使底层的物品承受过重的静力荷载。在运输过程中由于运载工具处于运动状态，所以物品持续地承受震动、冲击等动力荷载，如果采用适当的包装，就会减轻或防止各种外力对物品的不良作用。

此外，装卸方式的优劣程度、中转换装次数，运载工具减震装置质量的好坏，以及铁路路基质量等都对内装物及其包装所遭受的动力荷载的大小程度有直接关系。因此，在流通领域中除了合理地选用相应的包装之外，还要改善装卸条件，减少装卸次数，从而减少物品及其包装在流通领域中所遭受外力的损害。

（四）包装储运图示标志

包装成件货物具有品类多、性质复杂、重量和大小不一、包装形式多样、运输和保管条件不同等特点，为确保人身、货物的安全，必须有表明货物性质和特点的标志，使装卸、搬运人员按其不同的要求进行作业。

包装储运图示标志是警示装卸、搬运人员注意货物性质、货物安全的一种标志。装卸、搬运人员要根据标志指示进行操作、码放，不得违反标志指示规定，否则会造成货物损失或人身事故。

包装储运图示标志是根据国家标准 GB/T191-2008 规定绘制的，由图形符号、名称及外框线组成，图示标志共有易碎物品、禁用手钩、向上、怕晒、怕辐射、怕雨、重心、禁止翻滚、此面禁用手推车、禁用叉车、由此夹起、此处不能卡夹、堆码质量极限、堆码层数极限、禁止堆码、由此吊起、温度极限等 17 种图示标志，具体见表 3.1.2。

表 3.1.2　包装储运图示标志

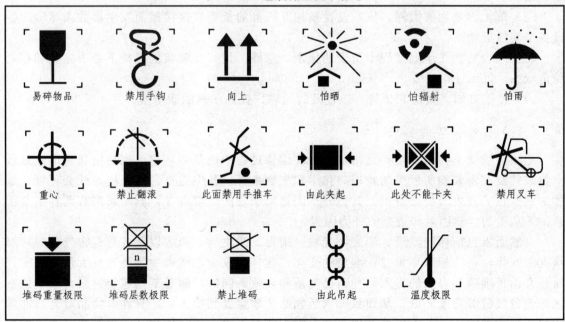

1. 包装储运图示标志和颜色

图示标志的颜色一般为黑色。如果包装件的颜色使图示标志显得不清晰，则可选用其他颜色印刷，也可在印刷面上选用适当的对比色，一般应避免采用红色和橙色。粘贴的标志采用白底印黑色。

2. 包装储运图示标志的尺寸

标志尺寸有 70 mm×50 mm，140 mm×100 mm，210 mm×150 mm，280 mm×200 mm 四种。

3. 运输包装标志的使用要求

（1）对标志的制作要求。

标志要易于辨认，便于制作。要求正确、明显、牢固。图案要清楚、文字要精练、字迹要清晰。

制作标志的颜料应具有耐温、耐晒、耐摩擦和不溶于水的性能，从而不致发生脱落、褪色或模糊不清的现象。

识别标志如采用货签时，应选用坚韧的纸材，对于不宜用纸质货签的运输包装，可采用金属、木质、塑料或布制货签。

标志的大小要与包装的大小相适应。

（2）标志的应用方法。

① 标志的使用：可采用直接印刷、粘贴、拴挂、钉附及喷涂等方法。印制标志时，外框线及标志名称都要印上，出口货物可省略中文标志名称和外框线；喷涂时，外框线及标志名称可以省略。

② 标志的数目和位置：

a. 一个包装件上使用相同标志的数目，应根据包装件的尺寸和形状确定。

b. 标志应标注在显著位置上，下列标志的使用应按如下规定：

标志 1 "易碎物品" 应标在包装件所有的端面和侧面的左上角处。

标志 3 "向上" 应标在与标志 1 相同的位置，当标志 1 和标志 3 同时使用时，标志 3 应更接近包装箱角。

标志 7 "重心" 应尽可能标在包装件所有六个面的重心位置上，否则至少也应标在包装件 2 个侧面和 2 个端面上；

标志 10 "由此夹起" 只能用于可夹持的包装件上，标注位置应为可夹持位置的两个相对面上，以确保作业时标志在作业人员的视线范围内。

标志 16 "由此吊起" 至少应标注在包装件的两个相对面上。

（五）铁路运输货物堆码标准

铁路运输货物堆码标准 TB1937 规定了大宗、常见货物货场内堆码、货车上装载堆码的要求，标准见表 3.1.3～表 3.1.8。

表 3.1.3　各种货物基本堆码标准

品类	技术要求	示意图
一般货物	稳固整齐	
	大不压小	
	重不压轻	
	箭头向上	
怕湿货物	露天堆码。上部起脊，下垫上盖	

品类	技术要求	示意图
一般货物	卸车货物要好坏分码,破损不入垛	
装车货物	距钢轨头部外侧不小于2 m	
卸车货物	距钢轨头部外侧不小于1.5 m	
站台上货垛	距站台边沿不小于1 m	
各种货垛	距电源开关、消火栓不小于2 m	

品类	技术要求	示意图
各种货垛	距轨道式线路机械最大突出部位不小于 0.5 m	

表 3.1.4　货场内整车散堆货物堆码标准

品类	技术要求	示意图
煤、灰、砂石土类货物	集中堆放，保持自然坡度，不同品种货物不掺不压	
砖、瓦	定型堆码，稳固整齐，碎砖、瓦收拢成堆不入垛	
木杆、毛竹等货物	理顺不杂乱，不架空，集中垂直线路堆码，需要平行线路堆码要打掩	
规格石料，条块类货物	按自然规格堆码，成行成垛，稳固整齐	

表 3.1.5 货场内整车包件货物堆码标准

品类	技术要求	示意图
袋装货物	丁字起头，分行码放，边行袋口朝里，垛形整齐	
箱装货物	分行码放，顶部压缝，垛形整齐。纸箱、液体货物封口向上，垛高不超过包装标志层高	
杂木杆等捆状货物	集中顺码，货垛两头交叉码，垛形整齐	
棉花、布匹等包状货物	丁字起头，分行码放，上部压缝，垛形整齐	
桶装货物	纵横成行，重高压缝，分行码放，桶口向上	

品类	技术要求	示意图
空桶及桶状货物	卧放时骑缝，两侧打掩，垂直于线路码放	
裸体配类货物	分开品类，规格码放，便于清点，垛形稳固整齐	
筐装蔬菜、瓜果	底层立码成行，重高卧码骑缝	
	立码成行，重高压缝对中，筐盖向上	

品类	技术要求	示意图
罐、坛类货物	双层立码,靠紧压缝,封口向上,稳固整齐	
	卧码时,底层排紧,两侧打掩,重高骑缝,封口朝上一致	

表 3.1.6 集装箱、集装化货物及货物托盘堆码标准

品类	技术要求	示意图
集装箱	上下对正,参差不超过箱角配件的二分之一,排列整齐,放置平稳,留有通道,必要时重箱箱门相对	
集装盘货物	排列整齐,横竖成行,重高时上下对齐,便于清点	

品类	技术要求	示意图
箱装货物码托盘	挤紧码严,逐层压缝,定型定数,标签向外,不夹破件,稳固整齐	
筐装货物码托盘	立码成行,重高压缝对中	
袋装货物码托盘	袋口向里,逐层压缝	
盘、圈状货物码托盘	平码,顶部压缝	
长形货物码托盘	平行顺码,重心取中	

表 3.1.7　长大笨重货物货场堆码标准

品类	技术要求	示意图
长大钢材	顺向码放，分层隔垫，垛形整齐	
钢板	分层隔垫，垛形整齐	
大型钢管等裸体圆柱形货物	骑缝卧放，挤紧码严，两侧打掩	
金属薄板等货物	上下对正，整齐平稳	
水泥构件	预制板：每层隔垫上下对正，码放整齐	
	电杆：顺码骑缝，每层隔垫上下对正，底层打掩，码放整齐	

品类	技术要求	示意图
机械设备	不挤不靠，排列整齐，便于清点。没有滑木的要加垫	
金属卷板	平卧挤紧码严，重高骑缝，垂直线路码放，两侧打掩	
	立码排列整齐，纵横成行，重高压缝	
原木等货物	理顺不杂乱，集中垂直于线路堆码，底部打掩，外形整齐。加固器材整理后集中在垛旁	
自轮运转的机械设备	排列整齐，机械头部方向一致，稳固防溜	

表 3.1.8　货车内货物装载堆码标准

品类	技术要求	示意图
易磨损、污染货物	易磨损货物要加衬垫，易污染的货物要隔离，流质、易磨损货物不与易窜动和有尖锐棱角货件码在一起	
一般货物	车门或车门处，空隙较大时要阶梯码放	
高出车帮的货物	高出车帮的货物要分层压缝，稳固整齐，超出车帮时，两侧突出部分要一致，货物重心倾向车内，不超限	
各种货物装车	货物码放要做到不偏重，不集重，不超重	

品类	技术要求	示意图
集装箱装车	大型集装箱装敞车或平板车，不偏载，不斜装，装两箱时箱门相对，间距不大于 0.15 m 确保运输中不移动	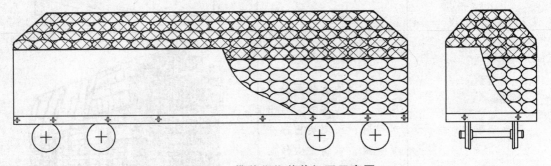

三、袋装货物的装载加固方案

装载成件货物时应排列紧密、整齐。当装载高度或宽度超出货车端侧墙时，应层层压缝，梯形码放，四周货物倾向中间，两侧超出侧墙的宽度应一致。对超出货车端侧墙（板）高度的成件包装货物，应用绳网或绳索串联一起捆绑牢固，也可用挡板、支柱、镀锌铁线（盘条）等加固。袋装货物袋口应朝向车内，起脊部分应用上封式绳网等进行加固。

【方案一】编号：010101 袋装货物

图 3.1.1　袋装货物装载加固示意图

（1）货物规格：麻袋、布袋、塑料编织袋、网袋包装货物。

（2）准用货车：通用敞车。

（3）加固材料：上封式绳网。

（4）装载方法：

①装载应排列紧密、整齐、稳固。

② 装载高度或宽度超出端侧墙时，应层层压缝，并逐层向内收缩，码放成梯形，四周货物倾向中间，袋口朝向车内。两端货物每层收缩长度不小于货物长度的1/2，两侧货物每层收缩长度不小于货物长度的1/4。

③ 两侧超出侧墙的宽度应一致。

④ 顶部装载应起脊，不得形成马鞍形。

（5）加固方法：

① 超出货车端侧墙1层及以上时，应使用上封式绳网。

② 件重 80 kg 及其以上货物装至距货车端侧墙顶部 1 个高时加铺绳网，件重不足 80 kg 的货物装至距货车端侧墙顶部 2 个高时加铺绳网。

③ 装车完毕后，先两端、后两侧分别将绳网折回拉向车顶，用边绳穿过对侧围筋向后拉紧，捆绑牢固。

（6）其他要求：略。

【方案二】编号：010110 麦芽

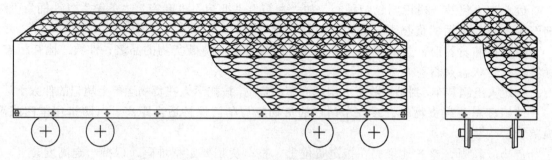

图 3.1.2　麦芽装载加固示意图

（1）货物规格：麻袋（塑料编织袋）包装，外形尺寸 900 mm×450 mm×195 mm，件重 50 kg。

（2）准用货车：60 t、61 t 通用敞车。

（3）加固材料：上封式绳网。

（4）装载方法：

① 第 1～10 层每层各横装 3 行，每行 27 件，计 810 件。

② 第 11 层两端各顺装 6 件，中部横装 3 行（两侧货物外端与侧墙外沿对齐），每行 23 件，计 81 件。

③ 第 12 层向内收缩，两端各顺装 5 件，中部横装 3 行，每行 21 件，计 73 件。

④ 第 13 层向内收缩，两端各顺装 4 件，中间沿车辆纵中心线顺装 1 行 11 件，两侧各横装 1 行，每行 19 件，计 57 件。

⑤ 第 14 层向内收缩，两端各顺装 3 件，中部横装 2 行，每行 17 件，计 40 件。

⑥ 第 15 层向内收缩，两端各顺装 2 件，中部横装 1 行 15 件，计 19 件。

⑦ 全车共装 1 080 件。

（5）加固方法：装完第 8 层加铺绳网，装完第 15 层后，先两端、后两侧分别将绳网折回拉向车顶，用边绳穿过对侧围筋向后拉紧，捆绑牢固。

（6）其他要求：

装车前，按规定铺设铺垫物。

四、包装货物运输组织

托运人托运货物时，应根据货物的性质、重量、运输种类、运输距离、气候以及货车装载等条件，使用符合运输要求、便于装卸和保证货物安全的运输包装。有国家包装标准或部包装标准（行业包装标准）的，按国家标准或部标准（行业标准）进行包装。货物的运输包装不符合要求时，应由托运人改善后承运。

对没有统一规定包装标准的货物，车站应会同托运人研究制定货物运输包装暂行标准，共同执行。对于需要试运的货物运输包装，除另定者外，车站可与托运人商定条件组织试运。

承运人同托运人应积极开展集装化运输，保证货物安全。

货物状态有缺陷但不致影响货物安全时，可以由托运人在货物运单内具体注明后承运。

托运人应根据货物性质，按照国家标准在货物包装上做好包装储运图示标志。货件上与本批货物无关的运输标记和包装储运图示标志，托运人必须撤除或抹消。

运单中"包装"栏记明包装种类，如"木箱"、"纸箱"、"麻袋"、"条筐"、"铁桶"、"绳捆"等。按件承运的货物无包装时，填记"无"字。

检查待装货物时，按照货物运单记载内容认真核对待装货物的品名、件数，检查标志、标签和货物状态是否符合要求。

托运人组织装车，到站由收货人组织卸车的货物，按托运人在货物运单上填记的件数承运。

使用棚车装载货物时，装在车门口的货物应与车门保持适当距离，以防挤住车门或湿损货物。

货物应稳固、整齐地堆码在指定货位上。整车货物要定型堆码，保持一定高度。

袋装货物装车作业流程如图 3.1.3 所示。

图 3.1.3　袋装货物装车作业流程图

 实训练习

5 月 18 日山东省某实业有限公司在德州车站托运袋装小麦粉（密度为 $0.6t/m^3$），批准计划号为 09N00381510），使用 P_{64} 型棚车（标重 58t、容积 116 m^3）一辆装运，安排当日搬入货场，次日由承运人负责装车完毕，车号为 P_{64}3413390，货票号码为 08254，挂入 59688 次货运列车发往贵阳东车站。5 月 26 日到达贵阳东站，当日 9：30 由车站组织卸车，于 14：

10 卸车完毕，通知收货人前来领取货物。请分角色完成这批袋装小麦粉的运输组织。

任务 2　箱桶装货物的运输组织

任务描述

本任务主要是关于箱桶装货物运输组织的相关知识介绍与技能训练，是包装货物运输组织的重要组成部分。通过本任务的学习，使学生掌握货运事故的种类与等级，能够按《事规》相关规定正确填记有关记录，妥善处理货运事故，理解箱桶装货物装载加固定型方案，掌握箱桶装货物的运输组织等。

知识准备

安全生产是铁路运输工作的永恒主题，货运安全管理工作应遵循"预防为主、处理为辅，以事实为依据、以规章为准绳，秉公而断、依法办事，奖惩分明"的原则。

铁路货运事故处理过程中需要依据的重要规章之一是《铁路货运事故处理规则》（以下简称《事规》），它是为加强铁路货运安全管理，明确铁路内部处理货运事故的原则、程序和责任划分等而制定的，不作为承运人与托运人、收货人划分责任的依据。

一、货运事故的种类及等极

（一）货运事故的定义

货物在铁路运输过程中，发生灭失、短少、变质、污染、损坏以及严重的办理差错，在铁路内部均属于货运事故。

（二）货运事故的种类

货运事故分为以下七类：

（1）火灾。

（2）被盗（有被盗痕迹）。

（3）丢失（全批未到或部分短少，没有被盗痕迹）。

（4）损坏（破裂、变形、磨伤、摔损、部件破损、湿损、漏失）。

（5）变质（腐烂、植物枯死、活动物非中毒死亡）。

（6）污染（污损、染毒、活动物中毒死亡）。

（7）其他（整车、整零车、集装箱车的票货分离和误运送、误交付、误编、伪编记录以及其他造成影响而不属于以上各类的事故）。

按照公安部、劳动部、国家统计局〔1989〕公民 26 号《火灾统计管理规定》第三条："凡失去控制并对财物和人身造成损害的燃烧现象，都为火灾。"货车或车站货运设施、设备发生燃烧，但未造成货物损失的火灾，不应列为货运火灾事故。

"被盗痕迹"以包装撕破为表面特征。对于包装封条开裂、捆匝脱落，内品短少或被调换，除有证据证明属于被盗之外，按丢失事故处理。货物全批灭失，件数短少，包破内少均按丢失事故处理。

"票货分离"的"票"指的是运输票据，包括货物运单、货票、特殊货车及运送用具回送清单以及回送事故货物的货运记录。

上述第一类至第六类事故属于货损货差事故。货损是指货物状态或质量发生变化，丧失或部分丧失货物原有的使用价值。货差是指货物数量发生变化。第七类事故则属于严重的办理差错和其他事故，此类事故虽然可能造成经济损失，但不一定造成货物本身的直接损失。

（三）货运事故等级

货运事故按其性质和损失程度分为三个等级。

1. 重大事故（构成下列情况之一，以下同）

（1）由于货物染毒或危险货物发生事故，造成人员死亡 3 人或死亡重伤合计 5 人以上的；

（2）货物损失及其他直接损失（以下同）款额在 30 万元以上的。

2. 大事故

（1）由于货物染毒或危险货物发生事故，造成人员死亡不足 3 人或重伤 2 人以上的；

（2）损失款额在 10 万元以上未满 30 万元的。

3. 一般事故

（1）未构成重大、大事故的人员重伤事故；

（2）损失款额在 2 000 元以上未满 10 万元的。

上述的人员死亡或重伤是指货物染毒或危险货物发生事故造成的后果。因其他原因所造成的人员死亡或重伤，则不列为货运重大、大事故。

重伤的标准按照劳动部"关于重伤事故范围的意见"执行。

"货物损失款额"既包括货运事故造成的货物损失，也包括其他直接经济损失，应以此来确定事故的等级。铁路赔偿款额只是表示在该起货运事故中铁路所承担的经济责任，而不能作为确定事故等级的依据。

二、记录的种类和编制

为了正确及时地处理事故，判明事故真相，分析原因，划清责任，必须根据不同情况分别编制必要的记录。

（一）记录的种类

记录分为货运记录（见表 3.2.1）和普通记录（见表 3.2.2）两种：货运记录和普通记录分为带号码与不带号码两种。带号码的货运记录每组一式三页，第一页为编制站存查页，第二页为调查页，第三页为货主；带号码的普通记录每组一式两页，第一页为编制单位存查页，第二页为交给接方（包括收货人）的证明页。货运记录和普通记录号码均由铁路局编印掌握。不带号码的货运记录和普通记录只限作抄件或货运员发现事故时报告用。

货运记录和普通记录用纸均应建立请领、发放、使用制度。

表 3.2.1　货运记录

_____ 铁路局

货 运 记 录　　　　　No.

（　　　页）

| 补充编制记录时记入 | 补充..........局..........站.......年......月......日 |
| | 所编第..........号..........记录 |

一、一般情况：

办理种别..........货票号码..........运输号码..........于.......年..........月......日承运
发　站..........发局..........托运人..........装车单位..........
到　站..........到局..........收货人..........卸车单位..........
车种
车型..........车号..........标重.......吨.......年......月......日第......次列车到达
..........年......月......日......时......分开始卸车..........月......日......时......分卸完
封印：施封单位..........施封号码..........

二、事故情况：

| 项目 | 货 件 名 称 | 件数 | 包装 | 重　　量 | | 托运人记载事项 |
				托运人	承运人	
票据原记载						
按　照						
实　际						
事故详细情况						

三、参加人签章：

车站负责人..........编制人..........
公安人员..........收货人..........其他人员..........

四、附件：1.普通记录..........页　2.封印..........个　3.其他..........

五、交付货物时收货人意见：..........

年　　月　　日编制　　　　　铁路局　　　车站(公章)

注：① 收货人（或托运人）应在车站交给本记录的次日起 180d 内提出赔偿要求。
　　② 如须同时送一个以上单位调查时，可做成不带号码的抄件。

（二）货运记录的编制

1. 货运记录的作用

货运记录是货物在运输过程中，发生货损、货差、有货无票、有票无货或其他情况，需要证明承运人同托运人或收货人之间责任和铁路内部之间责任时，发现站当日按批（车）所编制的记录。

《合同法》和《铁路法》规定，货物在运输过程中发生灭失、短少、变质、污染或者损坏时，责任一方要承担赔偿责任。因此，铁路作为承运的一方，托运人、收货人作为托运的一方，一旦发生经济纠纷，记录就是起法律效用的证明文件。

货运记录是划分责任、提出赔偿的依据。这个作用应理解为既是承运人内部各单位间，也是承运人与托运人、收货人间划分责任的依据，同时也是承运人与托运人、收货人间相

109

互提出赔偿的依据。

表 3.2.2 普通记录

<u>×××</u> 铁 路 局

普 通 记 录

第.................次列车在.................站与.................站间 *

发站.................发局.................托运人.................

到站.................到局.................收货人.................

货票号码.................车种车型.................车号.................

货物名称.................

于.......年.......月.......日.......时.......分第.................次列车到达

发生的事实情况或车辆技术状态：

厂　修	
段　修	
辅　检	轴　检

参加人员：姓名

车　　站

列　车　段　　　　　　　　　　　　　　　　　　　　单位戳记

车　辆　段

其　　他　　　　　　　　　　　　　　　　　　　年　　月　　日

注：① 本记录一式两份，一份存查。
　　② 编号由填发单位自行编排掌握、一份交有关单位。
　　③ 如换装整理或其他需要调查时，应作抄件送查责任单位。
　　④ ※表示车长在列车内编制时填写。

从各种记录中可以了解货运工作质量，还可根据记录内容进行综合分析，找出某一时期货物运输工作中的薄弱环节和事故发生规律及主要原因，以便提出防范对策，制定安全措施。记录是事故情况的真实写照，是文字式的照片，是证明事故发生情况的原始材料，是事故的档案。因此，必须予以高度的重视，严肃、认真地对待记录的编制工作。

2. 货运记录的适用范围

遇有下列情况之一，须在发现当日按批（车）编制货运记录：

（1）发生《事规》第五条和《管规》、《货规》及其引申规则办法中所规定需要编制的情况时。

（2）集装箱封印失效、丢失或封印站名、号码与票据记载不一致或未按规定使用施封锁，集装箱箱体损坏发生货物损失时。

（3）货车装载清单上有记载或记载被划掉未加盖带有单位名称的人名章，而实际无票据无货物时。

（4）货物运单、货票上记载的内容发生涂改，未按规定加盖戳记时。

（5）集装货件外部状态损坏，货件散落时。

（6）托运人组织装车，承运人组织卸车或换装，发生货物损失时。

（7）托运人自备篷布发生丢失时。

（8）一批货物中的部分货件补送或事故货物回送时。

（9）发生无票据、无标记事故货物和公安机关查获铁路运输中被盗、被诈骗的货物以及公安机关缴回的赃款移交车站时，沿途拾得的铁路运输货物交给车站处理时。

3. 货运记录的编制要求

一般要求：编制货运记录要严肃认真，如实记载事故货物及有关方面的当时现状，不得虚构、假想和臆测，也不得在记录中作事故责任的结论，以体现记录的真实性和准确性。记录用词必须准确、简练、明了，不能用揣测、笼统、含糊的词句。记录要能客观地反映出事故发生的原因和责任，使事故处理做到原因明、定责准、结案快。

货运记录各项应逐项填记："一般情况"栏，应根据运单及票据封套记载及到达车次、实际作业时间逐项填记；"票据原记载"栏，应按事故货物运单记载事项详细填写，如有货无票可填记"无票"字样；"按照实际"栏，应按货物实际情况填写，凡经检斤的货物应在"重量"栏内加以注明。如有票无货，可填写"无货"字样；"事故详细情况"栏，应记明以下内容：车辆来源及货运检查情况（货车车体、门窗、施封、篷布苫盖等情况）；事故货件的实际状态和损失程度；货物包装、装载状态、装载位置和周围的情况；对事故货件的处理情况。

（1）被盗丢失。

应记明被盗货件装载位置、包装损坏状态、短少货物具体品名和数量（无法判明短少数量时，应记明现有数量或现状），涉及重量时应检斤，并记明现有重量。

棚车装载的应记明是否装满，开启车门能否明显发现。车窗处被盗丢失时，应记明货件装于车窗位置（亦可画图表示）以及该车窗锁闭状态。货车两侧或一侧上部施封时，应记明下部门扣是否损坏、封印的站名和号码。

敞车装载的应记明表层货物现状和篷布覆盖状态。篷布有破口时，应记明破口位置、长度和破口处货物的现状。

集装箱装载的应记明是否已装满、有无空隙（及其尺寸）、现有数量或短少数量、箱号、箱体和箱门状态。

（2）损坏。

应记明破损货件的损坏程度、包装状态、衬垫情况、破口大小、新痕旧痕、破损部位、堆码方式、破口处接触何物。

机械设备包装破损，底托带、支架立柱、横梁等有折断或变形，以及围衬材料破损、脱落、丢失时，须对该处货物裸露部位表面进行检查，记明现状，不得笼统记载"因技术限制，内品是否损坏不详"。

应记明湿损货物在货车或集装箱内的装载位置、湿损数量及程度。

棚车、集装箱装运的，应记明车体或箱体不良部位和尺寸、是否透光、定检修单位和时间。敞车装运苫盖篷布的，须记明篷布质量和苫盖情况、是否企业自备篷布、货物装载状况。

（3）票货分离。

应记明票据来源、票据记载内容或货物（车）来源以及标志内容。对无标志的，应记明包装特征或具体货物品名、件数和重量。

（4）集装货件。

外部状态发生被盗、丢失、损坏可比照（1），（2）项内容填记，还应记明集装用具状态和堆码方式。货件散落时，应检查清点并记明现有数量，无法清点数量的可检斤，并记明全批复查重量。到站无叉车作业时，对集装盘货物可拆盘卸车，但要对每盘件数进行清点，若交付时发生短少，将货运记录交给收货人，调查页寄出。散盘的集装货件交付正常，记录不交收货人，也不调查。

（三）普通记录的编制

1．普通记录的作用

普通记录是货物在运输过程中，发生换装、整理或在交接中需要划分责任以及依照其他规定需要编制时，当日按批（车）所编制的一种凭证。它是一般证明文件，不能作为要求赔偿的依据。

2．普通记录的适用范围

遇有下列情况之一的，须在当日按批（车）编制普通记录。

（1）发生《管规》规定需要编制的情况时。

（2）事故涉及车辆技术状态时。

（3）货车发生换装整理时。

（4）托运人组织装车，收货人组织卸车，货车施封良好，篷布苫盖和敞车、平车、砂石车货物装载外观无异状，收货人提出货物有损失，要求车站证明交接现状时。

（5）装箱运输的货物，箱体完整、施封良好，货物发生损坏时（到站认为承运人有责任的，应编制货运记录）。

（6）依据其他有关规定，需要证明时。

3．普通记录的编制要求

（1）一般要求。

编制普通记录要严肃认真，如实记载有关情况；无运转车长值乘的列车，接方进行货运检查发现问题后，按规定拍发的电报应作为有车长值乘时交方出具的普通记录。

（2）重点要求。

货车封印失效、丢失、封印站名或号码无法辨认时，应记明失效、丢失和无法辨认的具体情况；封印的站名或号码与票据、封套或补封记录记载不符时，应记明封印实际的站名或号码；货物运单与货票记载不符，而货物运单记载情况与货物相符时，应记明货物与货物运单记载相符但货票××内容与货物运单记载不符；施封的货车未在票据或封套上记明施封号码时，应记明"现车施封，运输票据（或封套）上未记明施封号码"字样；车辆技术状态不良时，应记明车种、车型、车号和车辆不良的具体情况，段、厂修单位名称及年月；发现货车两侧或一侧上部施封时，应记明下部门扣是否损坏。

无运转车长值乘的列车，站车交接中发现的问题按规定拍发电报。其内容除包括普通记录反映的情况外，还应说明：列车的车次及到达时间，货车的车种、车号，发现问题的简要处理情况；棚车车体及集装箱专用车、平车装运的集装箱箱体发生损坏时，应记明损坏位置和箱号。

编制货运记录和普通记录须加盖单位公章或货运事故处理专用章，编制人员还须加盖带有所属单位名称的人名章，其他参加检查货物（车）的有关人员也应签字或盖章，同时注明其所属单位名称，记录有涂改时，在涂改处须加盖编制人员的名章。

（四）货运记录编制后的处理

车站必须按统一顺号连续使用货运记录用纸，并按编制日期和号码顺序登入货运事故（记录、调查、赔偿）登记簿内，以便立案、调查和保管。货运记录编制后，记录各页按用途逐页处理，其处理方法可按编制记录的发站、中途站、到站三种情况处理。

1. 发站编制的记录

（1）发站处理：第一页存查；第二页留站存查；第三页交托运人。

（2）到站处理：第一页存查；第二页留站存查；第三页随同运输票据送到站处理。

2. 中途站编制的记录

（1）自站责任：第一页存查；第二页留站存查；第三页随同运输票据或货物送到站处理。

（2）他站责任：第一页存查；第二页自编制记录之日起 3 天内连同有关材料送责任站调查；第三页随同运输票据或货物送到站处理。

一批货物中部分货件发生事故时，须拴挂"事故货物标签"继运到站。损坏的货件继运到站前应整修包装。

发生火灾、整车货物变质、活动物死亡、罐车装运的货物漏失，调查页分别按上述自站责任、他站责任的规定处理。事故能在发现站（铁路局）处理的，必须在发现站（铁路局）处理；事故不能在发现站（铁路局）处理的，货主页随同运输票据送到站处理，但发现站（铁路局）负责明确原因和损失程度。

3. 到站编制的记录

（1）自站责任：第一页存查；第二页留站存查；第三页交收货人。

（2）他站责任：第一页存查；第二页送责任站调查；第三页交收货人。

附有发站或中途站编制的记录，卸车时应按照记录记载的情况，认真核对现货：情况相符时，不再编制记录，第三页交收货人，另作抄件留存；情况不符时，重新编制记录，第一页存查，第二页送责任站调查，第三页交收货人。

原记录货主页留存。

原到站确认货物损失不足 500 元时，调查页暂不送查，待赔偿后连同"货运事故赔款通知书"一并送查责任站。

货物发生损坏或部分灭失需要鉴定时，按《货规》规定办理。鉴定后，将鉴定材料补送责任站。鉴定期限从编制记录之日起，不应超过 30 天，特殊情况除外。

货运记录送查后，收货人领取货物时若表示无意见，应及时通知有关站结案。

货运记录送查后，件数不足的货物补送齐全，在向收货人补交时收回记录货主页，并及时通知有关站结案。

（五）货运记录的送查

送查的货运记录以"货运事故查复书"在编制记录之日起 3 天内送责任站调查。

货运记录送查时，按下列规定附送有关资料和实物：

（1）使用施封环施封的货车、集装箱发生货物被盗丢失，须附封印。

（2）重新编制的记录，须附他站原记录抄件。

（3）有站车交接记录的，须附站车交接记录抄件。

（4）个人物品发生被盗、丢失事故，货票未附物品清单时，须附经过车站检查的现有货件数量和包装特征的清单。

（5）整零车装载的货物发生事故，需要以运输票据封套、装载清单分析责任时，须附抄件或原件。

（6）其他有关资料（可按规定后附），如车辆技术状态检查记录、"事故货物鉴定书"以及事故货件的现场照片等。

一辆货车内多批货物发生事故时，上述资料可附于其中损失最严重的货运记录内，其余记录应在附件栏内注明"封印及其附件已附于第××号货运记录内送查××站"。

三、货运事故处理

（一）货运事故处理作业程序

如图 3.2.1 所示，货运事故处理作业包括事故发现和现场处理、事故调查与定责、事故赔偿与诉讼、事故分析与统计及无法交付货物和无标记事故货物（简称两无货物）处理。

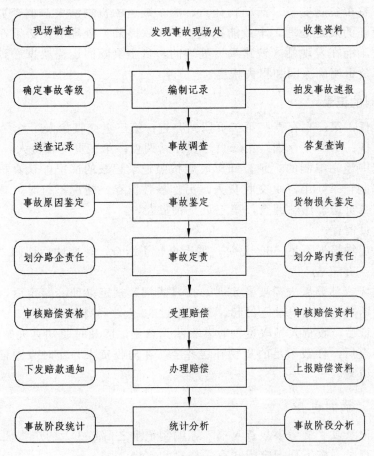

图 3.2.1　货运事故处理作业流程图

货运事故处理作业程序具体如下：

（1）事故发现和现场处理程序包括：抢救处理→事故报告→事故勘察→货物清理→收集

资料→编制不带号码货运记录。

（2）事故调查与定责程序包括：现场核实→编制货运记录→确定事故等级、拍发事故速报→查询→答复→原因和损失鉴定→事故分析→划分承运人与托运人和收货人间责任→划分承运人内部责任。

（3）事故赔偿与诉讼程序包括：审核资格→审核资料→赔偿与清算→诉讼。

（4）事故分析与统计程序包括：分析→统计。

（5）两无货物处理程序包括：编制记录→收集保管→查询及处理→报批变卖。

事故处理作业的详细作业内容和要求可参见 TB/T3114-2005《铁路货运事故处理作业》。

（二）货运事故速报

除铁路危险化学品运输外的货物。

发现重大事故、大事故、火灾事故，应在 24 小时内向有关站、铁路局拍发"货运事故速报"，并抄报铁道部、主管铁路局。

收报单位：有关站、车务段、铁路局，并抄报铁道部、主管铁路局、车务段。

内容：事故等级、种类；发现事故的时间、地点；货物发站、到站、品名、承运日期；车种、车型、车号、货票号码、办理种别、保价或保险金额（金额前注明"保价"或"保险"字样）；事故概要；对有关单位的要求。

拍发事故速报时，在电文首部冠以"货运事故速报"字样，第（1）至（6）项内容加括弧作为各项代号。

发现以上事故后，在拍发货运事故速报前应立即用电话逐级报告，情节和后果严重的，铁路局应及时向铁道部报告。

（三）货运事故的调查

1. 车站接到调查记录的处理

一般事故由到站负责处理。

车站接到调查记录（包括自站编制的记录）、货运事故速报和查询文电后，核对送查记录及附件是否正确、齐全，加盖收文戳记，编号登记于"货运事故（记录、调查、赔偿）登记簿"内，并按以下规定办理：

初次接到调查记录，如果核对所附材料不符合要求而影响事故调查时，应一次提出，自接到记录之日起 3 天内将原卷寄回送查站处理。

调查记录如果有误到情况，自接到之日起 3 天内将原卷转寄应寄送的车站，并抄送误寄站。

属于自站责任的，一般事故自接到记录之日起（自站发生的自发生之日起，以下同）由车站在 10 天内以"货运事故报告表"报主管铁路局；重大、大事故自接到记录之日起由车站在 15 天内以正式文件连同全部调查材料报主管铁路局。以上事故同时以"货运事故查复书"答复送查站，通知到站和到达铁路局。

对已明确为自站责任，但还需要向有关单位索取补充材料，了解货物损失、下落或到达交付情况时，以"货运事故查复书"或拍发电报查询，不得将记录寄出。

属于他站责任的，以"货运事故查复书"说明理由和根据，自收到货运记录之日起 7

天内将全部调查材料送责任站，并抄知到站和有关单位。重大、大事故要抄报主管铁路局。

对逾期未到货物的查询，应自接到查询的次日起 2 天内将查询结果电告到站，并向下一作业站（编组、区段或保留站）继续查询。

因情况复杂，责任站不能在规定期限内调查答复（包括要求暂缓赔偿的），需要延期时，应提前提出理由，通知到站（铁路局）。但此项延期自收到记录之日起，最多不得超过 30 天。

2. 铁路局接到事故调查报告的处理

重大事故、大事故由铁路局负责处理。

事故发生铁路局对货运重大、大事故应立即深入现场组织处理。当事故涉及其他铁路局责任时，应在拍发事故速报之日起，15 天内邀请有关局参加处理，召开分析会，做出会议纪要。

有关铁路局接到重大、大事故速报后，应组织调查，并按发现铁路局通知的开会日期参加事故分析会，并签署会议纪要。

铁路局间对事故责任划分意见一致时，由发现铁路局将会议纪要连同有关材料送到达局。铁路局间对事故责任划分意见分歧时，应在会议纪要内阐明各自意见，由发现铁路局将会议纪要连同现场调查材料等以局文上报铁道部裁定，并抄送有关铁路局。

货运事故处理工作应自事故发现之日起 60 天内处理完毕。

（四）货运事故责任划分

划分事故责任应以事实为根据，以规章为准绳。事故原因清楚，判定责任应以事实为主。在查明事故情况和原因的基础上，依据《合同法》、《铁路法》和《货规》及其引申规则、办法的有关规定，划分承运人与托运人、收货人之间的责任。

属于铁路内部各单位间需要划分责任时，根据不同情况，参照有关规章妥善处理，并按照下列各项规定划分铁路内部责任。

1. 火 灾

因未按规定安装防火板或安装不符合规定，闸瓦火花烧坏车底板而造成的，由最近定检施修该车的车辆段（厂）负责。

列车未按规定隔离造成的，由列车编组站负责；但途中摘挂后隔离不符造成的，由途中摘挂站或值乘车长所属段负责。

必须使用棚车而以敞车装运的，由发站负责（防火板原因造成火灾的除外）；应使用棚车而以敞车装运的，查不清起火原因时，由发站和发生站共同负责，事故列发生站（区间发生的列发生局）。

非易燃货物以易燃材料包装、衬垫，敞车装运未苫盖篷布，或以其他物品苫盖造成的，除另有规定外，由装车站负责。

棚车车体完整、门窗关闭、施封良好，查不清原因时，由前一装卸站负责；货车发生补封查不清原因时，由补封单位负责，如属委托补封的或上一检查站责任补封的，由委托单位或上一检查站负责；装车站未施封，查不清原因时，由装车站和发生站（区间发生的为发生局）共同负责，事故列发生站（局）。

有公安机关证明系扒车人员引起的火灾时，由该扒乘人员最初扒乘该次列车的扒乘站

（局）负责。既有扒乘原因又有使用车辆不当情况时，扒乘站负主要责任，使用车辆不当负次要责任。

遇局间分界站接入列车时发现火灾，在进站30分钟之内用调度电话通知交出局调度所，并取得到达车长或该列车乘务组证明，由接入局负责调查处理；查不清原因的，由交出局负责。

铁路局间公安部门对起火原因意见不一致时，货物损失未满10万元事故，由处理局定责；货物损失在10万元以上的事故，由发生局报部裁定。

除上述各款外，如属铁路责任，但又查不明铁路内各部门间原因时，由发生局负责。

2. 被盗丢失事故

（1）棚车装运的货物。

门窗关闭施封良好时，原装货物由原装车站负责。封印失效、丢失、断开，不破坏封印即能开启车门，下部门扣完整未按规定在车门下部门扣处施封，使用两个以上施封锁串联施封以及车窗开启或车体损坏的，均按站车交接规定划责。货车发生补封时，由补封单位负责。连续补封时，共同负责；如属委托补封的或以上一检查站责任补封的，由委托单位或上一检查站负责；货车下部施封，封印的站名或号码与运输票据或封套记载不一致时，有运转车长值乘的列车按站车交接规定划责，无运转车长值乘的列车，封印的站名与运输票据或封套记载不一致时，有改编作业的，按站车交接规定划责；无改编作业的，到站按规定拍发电报的由上一检查站负责，未拍发电报的由到站负责；无运转车长值乘的列车，封印的站名与运输票据或封套记载相符，而号码不一致时，不论列车有无改编作业，到站按规定拍发电报的，由装车站负责；未拍发电报的由到站负责。由于使用不完整的车辆（包括有公安机关证明因车窗、烟囱口不完整造成的）以及不施封，如属铁路责任，由装车站负责。普通记录填写内容不具体，与现车实际情况不符的，接收后由接方负责。因门扣损坏，货车一侧上部施封，另一侧下部施封时：下部封印无异状时，按上部施封的规定划责；下部封印有异状时由责任单位与上部施封的责任单位各承担50%。因下部门扣损坏无法按规定施封而在车门上部门扣处施封的：封印丢失、断开，不破坏封印即能开启车门，在同一车门上使用两个以上施封锁串联施封，或车体损坏，以及车窗开启时，均按站车交接规定划责；整车、一站整零车，有装车站记录证明（上部施封，下同）的，由装车站负责；没有装车站记录证明但有中途交接记录证明的，按站车交接规定划责；但卸车站检查上部封印为装车站的，由装车站负责；没有记录证明的，由卸车站负责。未使用方型直杆锁施封的：整车、一站整零车，有记录证明的，由装车站负责；没有记录证明的，由卸车站负责，未使用方型直杆锁施封或施封在货车上部时，按规定划责。在运输途中发现无封或施封无效又无法使用直杆型施封锁补封的货车，而使用环型施封锁补封时，按站车交接规定划责；使用不破坏封印即能取下（亦即能开启车门）的方型直杆锁施封，按站车交接规定划责。但是，发现方对该直杆施封锁自发现之日起应保留180天。出口朝鲜运输的货物发生事故，比照使用直杆锁施封货车的有关规定划责。

记录编制站拆下的封印，在规定保管期限内，责任站调查发现该封印丢失或与记录不符时，事故改由记录编制站负责。

未编制记录的施封锁，在规定保管的期限内，因施封锁被再次利用而造成事故，由该卸车站负责，超过保管期限的，施封锁被再次利用而造成事故，由保管站负责，但是卸车站有站车交接证明的除外。

（2）敞车装运的货物。

车体完整、装载状态或篷布苫盖良好时，如属铁路责任，由装车站负责。对按捆承运的钢材、有色金属，卸车时发现捆绑松散，而未对事故货件清点（或未检斤）编记录注明的，由卸车站负责。装在大包装箱内的工具箱、附件或备件箱被盗、丢失，除原包装进口货物外，如属铁路责任，由发站负责。重量、体积、长度分别不足 1 t、2 m³、5 m 的零担货物，发站使用敞车装运的，由发站负责。篷布顶部被割或破口发生被盗、丢失，破案前由发、到站共同负责，但因铁路货车篷布丢失造成货物损失，按站车交接规定划责，使用篷布以外的苫盖物苫盖货车，由发站负责。托运人自备篷布途中丢失，由发站、到站共同负责，货物损失由发站负责。中途站换装时发现篷布顶部被割或破口，货物发生被盗、丢失，由发站负责；换装后篷布顶部被割或破口，货物发生被盗、丢失，由换装站与到站共同负责（货物发生被盗、丢失，如果公安机关破案，则按破案结论定责）。

（3）包装破散发生内品丢失的，由装车站负责；包装不良时，由发站和装车站共同负责，事故列装车站。

（4）有公安机关证明，系扒乘人员造成货物被盗丢失，由该扒乘人员最初扒乘该次列车的扒乘站（局）负责。

3. 损坏事故

因货物无包装或包装有缺陷发生损坏的，如属铁路责任，由发站负责。

货物发生损坏，经到站鉴定不属于包装质量和货物性质原因时，由装车站负责。

整车易碎货物（包装以缸、坛、陶瓷、玻璃为容器的货物）发生损坏，除能查明责任者外，由发站负责；有明显冲撞痕迹，查不清责任者时，货物损失由沿途各局共同负责，事故列到达局。

因棚车漏雨造成货物湿损的，如属铁路责任，货运检查能够发现的由装车站负责；不能发现的由该车最近定检施修厂、段负责；厂、段修过期的，由装车站负责。

敞车货物湿损由装车站负责。但因铁路货车篷布丢失造成货物湿损的，按站车交接划责。篷布顶部被割破口货物发生湿损，由发、到站共同负责。

货物装载加固违反规定，或使用不符合要求的捆绑加固材料和装置，造成货物损坏，如属于铁路责任的，由装车站负责。

分卸的整车货物倒塌造成货物损坏，由装车站和前一卸车站共同负责，事故列前一卸车站。

罐车货物漏失，确因定检质量不良阀类漏泄时，由定检施修段（厂）负责；因罐体焊缝不良（含加温套）漏失时，由施修工厂负责。

因调车冲撞造成罐车货物漏失时，由调车作业站负责；查不清调车冲撞站的，由事故发生站（局）负责。

4. 其 他

伪编、误编、迟编、漏编以及迟送查货运记录，由编制站负责。卸车站卸同一整零车，编制两份以上货差记录，经查明其中一批属于误编或伪编，则其余各批货差记录均由编制站负责。

收到调查记录（包括查询文电）超过规定答复期限 30 天未答复的，由迟延答复站负责。

送查的被盗事故货运记录内漏填公安人员姓名，以后又纠正的，由漏填站与责任站共同负责，事故列责任站。

有下列情形之一的：普通记录为伪编；第二页与第一页的内容不符；加盖的单位公章是假的或已作废的。

伪编的普通记录为无效记录，发现单位可拒绝接收并将其退回。该普通记录证明的货物（车）发生事故时，无论什么原因所造成的，均由记录所属单位负责。

普通记录涂改，涂改处加盖的人名章无法辨认，应在站车交接当时提出，由交方编制普通记录后接收；否则，由接收方负责。

因涂改运输票据造成的事故，由涂改站负责；无法辨认涂改站时，由接方负责。因票据封套上封印号码填记简化，影响事故分析时，由简化填记的车站与责任站共同负责，事故列责任站。

途中票据丢失后发生的事故，除查明原因外，事故列丢票站（段）。

卸车发现运单、货票上记载的件数、重量、货物价格发生涂改，未按规定加盖戳记，实卸货物与涂改后的记载相符，而与领货凭证不符时，除查明原因外，如属铁路责任由发站负责，但到站卸车未按章编制记录时，由到站负责。

对误到的货物未按规定编制记录和处理，发生损失由卸车站负责。

铁路内部交接不认真，接收后发现的事故，除能查明责任者外，由接方负责。

因事故处理不认真，未采取积极措施，换装、整理不当，以致货物扩大损失时，扩大损失部分由处理不当或换装、整理不当的车站负责。

到站对运到逾期货物不按章编制记录（或拍发电报）查询，货物发生损失，到站与责任站（或货物积压站）共同负责，事故列责任站。

发站或中途站对运到逾期货物接到查询记录、电报，未在规定期限内（自收到记录、电报之日起 7 天内，下同）答复，货物发生损失，由延迟答复站与责任单位（或货物积压站）共同负责，事故列责任单位（或货物积压站）。如发站和中途站均未在规定期限内答复，货物发生损失，由发站、中途站和责任单位（或货物积压站）共同负责，事故列责任单位（或货物积压站）

发现重大、大事故后，处理局未能在规定期限内处理完毕，或未按本规则规定向铁道部提出仲裁报告，处理局应承担相应的事故责任。发生一般事故后，到站（局）未在规定期限内办理赔偿，事故由到站（局）负责，但中途站负责处理和赔偿的除外。

因行车事故造成的货运事故，由行车安全监察部门确定的责任单位负责。

投保运输险的货物发生事故，因代办保险的车站未在运单、货单记事栏内加盖"已投保运输险"戳记而超过保险索赔期限的，由责任单位和代办保险的车站共同负责，事故列责任单位。

不足额保价的货物发生损失时，依照规定赔偿。如法院判决按照实际损失赔偿时，其差额部分由发站和责任单位共同负责，事故列责任单位。

违反规定将施封锁附随货运记录送查而发生封印丢失、失效争议的被盗丢失事故，由记录编制站负责。

铁路局调查卸车站后，卸车发现的事故，如属铁路责任，由调整的铁路局负责。

违反规定办理货物（车）变更，货物发生事故，由变更受理站负责。

误运到站，回送过程中发生货损货差，属于回送站责任时，由误运站和回送站共同负责，事故列回送站。

领货凭证上未记明本批货物的货票号码，或未在货物运单和领货凭证连接处加盖骑缝戳记，货物发生冒领或误交时，由发站和到站共同负责，事故列到站。

无运转车长值乘的列车，列车编组顺序表上对施封的货车未记明"F"字样，货车一侧无封，发生被盗丢失事故后，由责任单位与该列车的编组站共同负责，事故列责任单位；货车两侧无封，由该列车的编组站承担全部责任。

托运人按一批托运的货物品名过多，或同一包装内有两种以上的货物，发生被盗丢失后，如果因为没有物品清单而难以确定货物损失时，由发站（无论发站是否为责任单位）和责任单位共同负责，事故列责任单位。

货车已施封，但未在运输票据或封套上注明"施封"字样及施封号码，货物发生被盗、丢失时，查明原因的，由装车站和责任单位共同负责；查不明原因的，由装车站负责。

货车滞留，滞留站未按规定拍发电报，货物发生变质或损失，由滞留站和责任单位共同负责，事故列责任单位。

棚车顶部被破坏，货物发生被盗、丢失、湿损事故，破案前由发送、到达和沿途各局均摊赔款。

（五）货运事故的赔偿

1. 赔偿责任的划分

依据《铁路法》、《货规》和《铁路货物运输合同实施细则》的规定，承运人从承运货物时起至货物交付收货人或依照有关规定处理完毕时止，对货物发生灭失、损坏负赔偿责任。但由于下列原因之一所造成的货物灭失、损坏，承运人不承担赔偿责任：不可抗力；货物本身性质引起的碎裂、生锈、减量、变质或自燃等；货物的合理损耗；货物包装的缺陷，承运时无法从外部发现或未按国家规定在货物上标明包装储运图示标志；托运人自装的货物，加固材料不符合承运人规定条件或违反装载规定，交接时无法发现的；押运人未采取保证货物安全的措施；托运人或收货人的其他责任。

由于托运人、收货人的责任或押运人的过错使铁路运输工具、设备或第三者的货物造成损失时，托运人或收货人应负赔偿责任。

2. 赔偿要求的受理

托运人或收货人向承运人要求赔偿货物损失时，应按批向到站（货物发送前发生的事故向发站）提出"赔偿要求书"并附下列证明文件：货物运单（货物全部灭失时，为领货凭证）；货运记录的货主页或经赔偿受理站确认的抄件；按保价运输的个人物品，应同时提出盖有发站日期戳的物品清单；有关证明文件。

承运人向托运人或收货人提出赔偿要求时，应提出货运记录、损失清单和必要的证明文件。

对承运人责任明确的保价运输货物发生事故，发站可以受理办赔。

受理赔偿时，车站须审核赔偿要求人的权利、有效期限、"赔偿要求书"的内容，以及规定的证明文件是否正确、有效和完整。

审核无误后，在"赔偿要求书"收据上加盖车站公章或货运事故处理专用章，交给赔偿要求人。

车站受理的以及铁路局接到的赔偿案件，应按顺序登入"货运事故（记录、调查、赔偿）登记簿"内。

车站上报铁路局的赔偿案件，经审核确定不属于铁路责任时，铁路局应说明理由与根据，将调查页及赔偿材料退给处理站，一律由处理站以正式文件答复赔偿要求人，同时将全部赔偿材料（赔偿要求书除外）退给该要求人，并抄知有关单位。

3. 保价货物损失的赔偿

保价运输的货物发生损失时，按照实际损失赔偿，但最高不超过保价金额。如果损失是铁路运输企业的故意或者重大过失造成的，不受保价金额的限制，按照实际损失赔偿。一部分损失时，按损失货物占全批货物的比例乘以保价金额赔偿；逾期未能赔付时，处理站应向赔偿要求人支付违约金。

投保货物运输险的货物在运输中发生损失，对不属于铁路运输企业免责范围的，未按保价运输承运的，按照实际损失赔偿，但最高不超过国务院铁路主管部门规定的赔偿限额；如果损失是铁路运输企业的故意或者重大过失造成的，则不适用赔偿限额的规定，应按照实际损失赔偿，由铁路运输企业承担赔偿责任。

属保险责任范围的损失，由保险公司按照实际损失，在保险金额内给予补偿。

保险公司按照保险合同的约定向托运人或收货人先行赔付后，对于铁路运输企业应按货物实际损失承担赔偿责任的，保险公司按照支付的保险金额向铁路运输企业追偿，因不足额保险产生的实际损失与保险金的差额部分，由铁路运输企业赔偿；对于铁路运输企业应按限额承担赔偿责任的，在足额保险的情况下，保险公司向铁路运输企业的追偿额为铁路运输企业的赔偿限额，在不足额保险的情况下，保险公司向铁路运输企业的追偿额在铁路运输企业的赔偿限额内按照投保金额与货物实际价值的比例计算，因不足额保险产生的铁路运输企业的赔偿限额与保险公司在限额内追偿额的差额部分，由铁路运输企业赔偿。

4. 赔偿的权限

赔款额 5 000 元以下的，由车站（非决算单位的车站由车务段）审核赔偿。

赔款额超过 5 000 元的，由铁路局审核赔偿。

货物索赔流程如图 3.2.2 所示。

（六）资料保管

货运事故调查材料应保持完整，调查过程中各单位均不得抽留往来查复材料及附件。

1. 保管单位

重大事故、大事故的调查材料由责任局保管；一般事故的调查材料由责任站保管。

托运人、收货人责任的调查材料分别由发站、到站保管。

赔偿材料由办理赔偿的单位保管。

2. 保管期限

施封锁：无论是否编有记录、卸车站均自卸车之日起保管 180 天后方可销毁。

各种记录、调查材料、赔偿材料，自结案的次年 1 月 1 日起，均为 3 年。

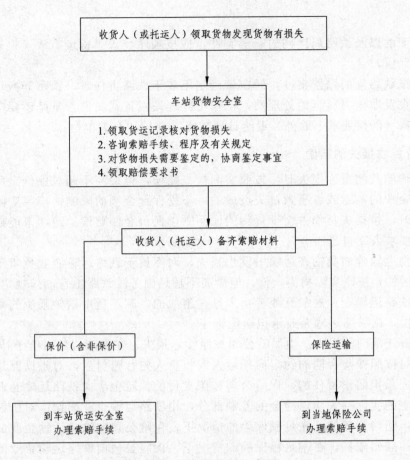

图 3.2.2　索赔流程示意图

四、桶装货物装载加固定型方案

【方案一】编号：010401 200L 空铁桶
（1）货物规格：外形尺寸为 590 mm×900 mm，件重 22 kg。
（2）准用货车：60 t、61 t 通用敞车。
（3）加固材料：网眼 350 mm×350 mm 绳网，绳索（破断拉力不小于 7.84 kN）。
（4）装载方法：横向卧装，详见表 3.2.3。

表 3.2.3　桶装货物横向卧装有关参数

车型 层数	60 t、61 t 敞车		
	行数	每行件数	小计
1~4	3	21	252
5	3	20	60
6	3	19	57
7	1	18	18
合计			387

（5）加固方法：

① 第 4～7 层用绳索将每行两端 3 件空桶串联捆为一体（三联桶），如图 3.2.3 所示，绳头打成死结。

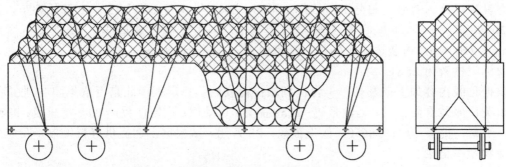

图 3.2.3　桶装货物装载加固定型方案（一）

② 通过车辆两端丁字铁和车钩提钩杆座，纵向下压捆绑 3 道，分别下压在第 6 层两侧每一行和第 7 层货物的中部，如图 3.2.3 所示。

③ 覆盖绳网。

④ 横向下压捆绑不少于 4 道，两端双交叉捆绑加固，如图 3.2.4 所示。

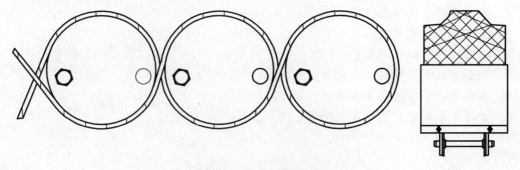

图 3.2.4　桶装货物装载加固定型方案（二）

 实训练习

1. 发站：成都东；托运人：成都卓凡服装公司；到站：南仓；收货人：天津诚明有限责任公司；货物名称：服装；货物包装：纸箱；货物件数：750 件；货物重量：43 500 kg；保价金额：40 万元；运价里程：2 068 km（经宝鸡东、华山、榆次、石家庄）；车种车号：P643567560；施封号码：056710，056711。请办理这批箱装货物服装的运输作业。

2. 贵阳东发往郑州东百货一车，票号：0887214，车号：P₆₁/3145069，票记施封 2 枚，"F38456/38455"，保价 60 万元，该车编 85621 次 10 位，于 2013 年 1 月 21 日 7 时 38 分到达赶水站，货检员发现列进左侧无封，车门打开 600 mm 左右，可视表层货凌乱，车容不满。请按章拍发交接电报。

3. 西安发连云港服装一车，票号：078231，车号：P613052742，票记施封 2 枚 "F041366/041367"，保价 35 万元。该车编 43242 次 16 位，于 3 月 11 日 9：30 到达洛阳东站，货检员发现列进右侧无封，车门打开 500 mm 左右，可视表层货零乱，车容不满，送车站倒装。请编制记录。

4. 郑州东发山海关到针织品一车，车号为 P62N3508900。5 月 20 日山海关站卸车时发现其中一件包装箱有破口，清点内货发现短少衬衫 10 件。请编制货运记录。

5. 北京铁路局丰台站发西安铁路局西安西一车货物，车种车号为 P603326770，2012 年 3 月 6 日承运，2012 年 3 月 10 日挂 46001 次列车到达西安西站，货检良好。卸前检查货运状态良好，施封有效，封号 F03455，03456。2012 年 3 月 10 日 15：40 开始卸车，次日 18：20 卸车完毕。卸车时发现车门口上部有 3 件货物包装破损，破口大小均约为 150 mm×210 mm，内装运动服外露，开箱检查，1 箱内装 18 件，1 箱内装 21 件。包装纸箱表面标记件数为 25 件。

票据记载内容如下：发站：丰台；到站：西安西；托运人：北京百盛集团 ；收货人：西安市英伦服装有限公司；运输号码：225；品名：运动服；货物件数：400 件；重量：800 kg；包装：纸箱；货票号码：28650；保价金额：28 万元。试根据上述提供资料编制一份包装破损、货物短少记录。

1. 货车施封包括哪些内容？
2. 篷布苫盖包括哪些内容？
3. 记录的种类和作用是什么？
4. 什么情况下应编制货运记录？
5. 什么情况下应编制普通记录？
6. 货运事故处理作业程序包括哪些内容？

项目四 集装货物运输组织

 教学目标

（1）掌握普通货物使用 20 英尺、40 英尺国际通用集装箱运输的组织；

（2）了解特殊货物使用专用集装箱运输的组织；

（3）掌握集装化货物使用专用集装化器具包装运输的组织。

任务1 通用集装箱的运输组织

任务描述

本任务主要是关于通用集装箱运输组织的相关知识介绍与技能训练，是集装货物运输组织的重要组成部分。通过本任务的学习，使学生了解集装箱及其运输设备，理解集装箱货物运输条件，掌握通用集装箱货物运输组织。

一、集装箱

（一）集装箱的定义

集装箱是一种运输设备：具有足够的强度，可长期反复使用；适于多种运输方式运送，途中无需倒装货物；设有供快速装卸的设施，便于从一种运输方式转移到另一种运输方式；便于箱内货物装满和卸空；容积不小于 1 m³。

集装箱不包括车辆和一般包装。

（二）集装箱的分类

集装箱的种类可以根据按重量和尺寸、箱主、所装货物种类和箱体结构、是否符合标准进行划分。

1. 按重量和尺寸分类

铁路运输的集装箱分为 1 t 箱、20 ft 箱、40 ft 箱、48 ft 箱以及经铁道部批准运输的其他重量和尺寸的集装箱。其中，1 t 集装箱称为小型箱，20 ft 及其以上集装箱称为大型集装箱。

集装箱以 TEU 作为统计单位，表示一个 20 ft 的国际集装箱。20 个 1 t 集装箱折合为 1 个 TEU；1 个 40 ft 集装箱折合为 2 个 TEU。

2．按箱主分类

按箱主不同可将集装箱分为铁路箱和自备箱。其中，铁路箱是承运人提供的集装箱，自备箱是托运人自有或租用的集装箱。

3．按所装货物种类和箱体结构分类

不同可将集装箱分为普通货物箱和特种货物箱。

（1）普通货物箱包括通用箱和专用箱。

① 通用箱适合多种普通货物的运输，如文化用品、日用百货、医药、纺织品、工艺品、五金交电、电子仪器仪表、机器零件及化工制品等。该类集装箱占全部集装箱总数的70%～80%。

② 专用箱包括封闭式通风箱、敞顶箱、台架箱和平台箱等。

（2）特种货物箱包括保温箱、罐式箱、干散货箱和按货物命名的集装箱等，专门适用于运输某种状态或特殊性质的货物，如运输轻油、润滑油、酒精、水煤浆、轿车、微型面包车、原木及板材、钢材及管件、散装水泥、散装矿砂及化工品等货物。

4．按是否符合标准分类

按是否符合国家或铁道行业标准集装箱又可分为标准箱和非标箱。

为了在运输中更好地进行识别、管理和信息传递，应在集装箱的箱体上涂刷各种清晰、易辨、耐久的标记。国内使用的集装箱按国家标准规定涂刷，国际间使用的集装箱按国际标准规定涂刷。

（三）铁路集装箱的主要标记

1．箱主代号

指集装箱所属部门代号。国内使用的集装箱的箱主代号由四个大写汉语拼音字母组成；而国际集装箱的箱主代号由四个大写拉丁字母组成。为了区别于其他设备，规定第四位字母用"U"表示集装箱。例如，我国铁路集装箱的箱主代号是"TBJU"，TB——铁道部，J——铁路集装箱。

在我国铁路运输的集装箱有不少是货主自备集装箱，为便于加强对企业自备箱的管理，铁道部下达了《自备集装箱编号和标记涂刷规定》。自备箱的箱主代号的4位拉丁字母中，前两位为箱主代号，由箱主确定，后两位规定为集装箱的类型，如通用箱为TU、冷藏箱为LU、保温箱为BU、危险品箱为WU。

为了避免发生箱主代号重号的现象，所有箱主在使用箱主代号前应向主管部门登记注册。国内铁路使用的集装箱，由箱主向所在铁路局申报；国际集装箱由箱主向国际集装箱局登记注册。

2．箱　号

箱号又称为集装箱顺序号，由六位阿拉伯数字组成。如果有效数字不足六位时，则在有效数字前用"0"补足六位。例如，有效数字为50000号集装箱，其箱号应为050000。自备箱的六位阿拉伯数字的前两位是箱主所在地的省、自治区、直辖市的行政区划分代码；第三～第六位数字为铁路局所给的顺序号。

3. 核对数字

核对数字是按规定方法计算出来的一位阿拉伯数字，专门用于计算机核对箱主代号和箱号记录的准确性，以避免抄错箱号。为了与箱号区分开，铁道部规定集装箱的核对数字必须用方框圈出。国内铁路使用的集装箱的核对数字按 GB 1836-15 规定计算，由铁道部提供。例如，TBJU050000 的集装箱核对数字为 1，整体表示为 TBJU050000 $\boxed{1}$ 。

4. 国家代号、尺寸类型代号

集装箱箱体上涂打的国家代号表示国家或地区，按规定用两个拉丁字母表示。例如，CN 表示中国，US 表示美国，HK 表示中国香港。

尺寸类型代号是用来表示集装箱的尺寸和类型，国际标准化组织规定由四位阿拉伯数字表示。前两位表示尺寸，其中，第一位数字表示集装箱的长度，第二位数字表示集装箱高度的索引号。后两位表示类型。例如，长度为 20 ft，高度为 2 591 mm 的汽车集装箱的尺寸类型代号为 2826。

5. 集装箱的自重、总重、容积

集装箱的自重指的是空集装箱的重量，包括各种集装箱在正常工作状态时应备用的附件和各种设备的重量。如冷藏集装箱的机械制冷装置和燃油。

集装箱总重是集装箱的空箱重量和箱内装载货物的最大容许重量之和。

我国铁路集装箱的自重、总重用中文标示于箱门上。国际上则要求用英文"MAXGROSS"或"MGW"表示总重；"TARE"表示自重，两者均以公斤和磅同时标记。

除了以上标志之外，集装箱上还标记有制造单位、时间，检修单位、时间，20 ft 以上的集装箱应有集装箱检验单位徽记、国际集装箱安全公约（CSC）安全合格牌照、国际铁路联盟认证标记。

CSC 安全合格牌照是为了维护集装箱在装卸、堆码、运输时的人身安全，集装箱的制造必须通过行政主管部门的审核，检验符合制造要求，才能将此牌照铆在集装箱上，该牌照上应标有维修检验日期或有连续检验计划标记，且箱体标明的集装箱号码应与牌照一致。

国际铁路联盟标记为 $\boxed{\begin{array}{c|c} i & c \\ \hline \multicolumn{2}{c}{33} \end{array}}$ ，其中，"i"，"c"表示国际铁路联盟，33 表示中华人民共和国铁路，该标记是为了保证集装箱铁路运输安全，规定对集装箱进行检验、验收合格的标记。

此外还有海关批准牌照，又称为 TIR 批准牌照，是为了便于货物的进出国境，不用开箱检查，加速集装箱流通。

所有标记均采用不同于箱体的颜色进行涂刷。我国铁路集装箱采用白漆涂刷。

6. 集装箱的技术参数

目前，集装箱已经成为各种运输方式之间以及国际间办理货物联运的主要运输工具之一，因此集装箱必须制定统一的标准。

为了便于国际物资的运输和经济往来，国际标准化组织集装箱技术委员会制订了国际集装箱的标准。集装箱的国际标准随着时间的推移和集装箱运输的实践与发展，进行了多次的修改。目前国际标准集装箱有 1AAA，1AA，1A，1AX，1BBB，1BB，1B，1BX，1CC，1C，1CX，1D，1DX 共 13 种。

集装箱的技术参数见表 4.1.1 和表 4.1.2。

表 4.1.1　国际标准集装箱的外部尺寸和额定重量

箱型	高度（mm）	宽度（mm）	长度（mm）	额定重量（kg）
1AAA	2 896			
1AA	2 591	2 438	12 192	30 480
1A	2 438			
1AX	<2 438			
1BBB	2 896	2 438	9 125	25 400
1CC	2 591			
1C	2 438	2 438	6 058	24 000
1CX	<2 438			
1D	2 438	2 438	2 991	10 160
1DX	<2 438			

表 4.1.2　铁路通用集装箱有关技术参数

箱型	箱主代码	起止箱号	自重（t）	箱体标记最大允许总重（t）
20 ft	TBJ	510001 ~ 575000	2.21	24.00
		300011 ~ 301710	2.24	30.48
		400001 ~ 400500	2.98	30.48
		580000 ~ 629999	2.24	30.48
40 ft	TBJ	300003 ~ 300005	3.88	30.48
		700000 ~ 700119	3.79	30.48
		710000 ~ 715999	3.88	30.48
48 ft	TBJ	800001 ~ 800404	4.65	30.48

二、集装箱运输设备

（一）集装箱办理站

1. 办理站应具备的条件

集装箱办理站（包括办理集装箱运输的专用铁路、铁路专用线，下同）应具备下列条件：有与其运量相适应的，适合集装箱堆存、装卸和修理的场地；具备集装箱计量称重及安全检测条件；配备集装箱专用装卸机械和吊具，装卸机械的起重能力要满足所装卸集装箱总重量的要求；具备计算机管理和与全路联网的条件，满足自动化管理和信息传输的需要。

办理专用集装箱和特种货物集装箱的，还必须具有相应的生产和安全设备设施（如机械、站台、充电、充液、充装设备等）。

2. 人员设置

集装箱办理站应设置集装箱货运人员，负责集装箱运输管理和装卸车组织。中铁集装箱和运输有限责任公司在主要集装箱办理站的箱管人员应掌握集装箱作业动态和信息，对发现的问题及时与车站沟通解决。

3．开办与停办

集装箱运输业务的开办与停办，由车站根据货源、办理条件等提出申请逐级上报。铁路局和中铁集装箱和运输有限责任公司协商一致后报铁道部审核公布。

车站停办集装箱运输业务后，应对站存的铁路箱进行清查，按集装箱调度命令及时回送，并将有关信息及时准确地录入信息系统。

集装箱办理站因站场施工等需临时停办集装箱运输业务时，需提前一个月逐级上报，由铁道部公布。

（二）集装箱场

铁路车站要开办集装箱业务，必须设置有场地，并且配备各种相应的装卸机械和搬运设备，以便提高装卸作业效率，加速车辆和集装箱的周转，充分发挥集装箱运输的优越性，实现门到门运输。

1．集装箱场的分类

集装箱货场按年运量可分为以下五等：

（1）特大型集装箱货场：年运量在 100 万 t 以上。

（2）大型集装箱货场：年运量大于 50 万 t，不足 100 万 t。

（3）中型集装箱货场：年运量为 30 万 t 以上，不足 50 万 t。

（4）小型集装箱货场：年运量为 10 万 t 以上，不足 30 万 t。

（5）集装箱货区：年运量不足 10 万 t。

如我国有特大型集装箱场 12 个（滨江西、沈阳、济南、上海西、南京西、郑州东、舵落口、广州东、西安西、兰州西、成都东），大型集装箱场 38 个，这 50 个办理站的集装箱运量占全路集装箱运量的 60%左右，是全国铁路集装箱运输的主要办理站。

2．集装箱场的配置

集装箱货场的主要设施应有：装卸线、集装箱龙门起重机走行线、到发"门到门"箱区、掏装箱区、中转箱区、备用箱区、空箱区、待修（定修和临修）箱区、轨行式集装箱龙门起重机、装卸搬运辅助机械、维修组、汽车停车场和生产、办公房屋等。

（三）集装箱装卸、搬运机械

具有快速装卸和搬运的装置，便于机械作业，能极大地提高装卸、搬运作业效率，是集装箱运输工具的最大特点之一。因此，在集装箱场内都配备一定数量的集装箱装卸、搬运机械。随着集装箱运输的发展，集装箱装卸、搬运机械也得到相应的发展，其类型很多，主要类型有：

1．门式起重机

集装箱门式起重机是集装箱场的主型装卸机械，一般可按运行方式或主梁结构特点进行分类。

（1）集装箱门式起重机按运行方式不同分为埋轨式和轮胎式两种。埋轨式门式起重机的特点是必须在限定的轨道上运行，作业范围受到一定的限制，但结构简单，便于铁路货车和汽车的装卸作业，经济效果好，因此在铁路货场内被普遍采用。轮胎式门式起重机的特点是机械由充气轮胎支撑在场上走行，不受固定轨道限制，因而机动性好，作业效率高，但是该类起重机操纵比较复杂，造价高。

（2）集装箱门式起重机按悬臂不同分为双悬臂式、单悬臂式和无悬臂式。其中，双悬臂式门式起重机由于跨度大和起升高度高，可以跨越铁路线和汽车道路，在跨度内、悬臂下直接进行集装箱的装卸、换装和堆码作业，因而被集装箱场大量采用；而单悬臂式和无悬臂式门式起重机由于缺乏双悬臂式起重机特点，被采用得较少。

（3）集装箱门式起重机按主梁结构不同分为桁架式和箱形式两种，其区别主要在于主梁为桁架结构或箱形结构。

2. 旋转式起重机

旋转式起重机主要包括轮胎起重机、汽车起重机和履带式起重机。

3. 起升搬运机械

起升搬运机械主要包括集装箱正面吊运机、叉车和跨运车等。

（1）集装箱叉车。

集装箱叉车是目前铁路集装箱场所采用的性能较好、效率高、用途多的集装箱装卸、搬运机械，主要用于装卸、搬运和堆码集装箱。

（2）集装箱正面吊运机。

集装箱正面吊运机是 20 世纪 70 年代中期开发的一种新型移动式集装箱装卸搬运机械，主要由车架、支承三角架、伸缩臂架和吊架组成金属结构采用内燃机驱动整机的前进后退。采用液压驱动，使整机操作灵便、平衡。转向机构多采用叉车形式的转向机构，并装有多种操作保护装置，从而使其工作安全可靠。由于集装箱正面吊运机具有机动性强、稳定性好、轮压较低、堆码层数高、堆货场利用率高等优点，是比较理想的货场装卸搬运机械，因而被广泛采用。

（3）集装箱跨运车

集装箱跨运车是随着集装箱运输的发展，为适应集装箱运输设备的配套而采用的集装箱装卸、搬运、堆码的专用机械。它以门形车跨在集装箱上，由装有集装箱吊具的液压升降系统吊起集装箱，一般以柴油机为动力，通过机械传动方式或液力传动方式驱动跨运车走行，进行集装箱的搬运和堆码工作。

集装箱跨运车与轮胎式、埋轨式门式起重机比较具有更大的机动性，主要用于集装箱场与门式起重机配套使用。跨运车负责将铁路车辆上卸下的集装箱搬运到集装箱场并堆码，或将集装箱场上集装箱搬至铁路装卸线附近，再由门式起重机进行装车，从而构成全跨运车方式集装箱场。跨运车也可与拖挂车配合，由拖挂车担任集装箱的搬运，跨运车进行集装箱的装卸和堆码作业。

（四）装运集装箱的车辆

集装箱根据箱型不同可使用不同的车辆。集装箱可采用敞车、普通平车、平车集装箱两用车和集装箱专用车装运。

集装箱专用车是专门用于装运集装箱的特种车辆，有单层和双层两种。

集装箱专用车有先期生产的×6、×6A、×6B 型车，可装运 20 ft、40 ft 集装箱，载重为 60 t；为适应快运生产的×1K 型；可装运 20 ft、40 ft 集装箱的×3K、×4K、×6K，可装运 20 ft、40 ft、45 ft、48 ft、50 ft 集装箱的×6H 车型，标重为 61 t。

双层集装箱车专用车有×2K、×2H 型，适用于 20 ft、40 ft 国际标准集装箱和 45 ft、48 ft、50 ft、53 ft 等长大集装箱。装后集装箱和货物总重不得超过 78 t，重车重心高不得超过 2 400 mm。

集装箱专用车由铁道部统一管理，各级集装箱调度负责日常调度指挥。集装箱车的备用须经公司集装箱调度命令批准。集装箱车应在全路主要集装箱办理站间运用。组织成组或成列运输时，应经公司集装箱调度批准。

空集装箱车的调动不得按普通平车排空。跨局的空车回送须经公司集装箱调度命令批准，铁路局管内的空车回送须经分公司集装箱调度命令批准。空车回送时要填制"特殊货车及运送用具回送清单"，在"列车编组顺序表"的到站栏记明回送站名，货物名称栏填写"回送"。

为加强集装箱专用车的管理，提高运用效率，需要加强对集装箱专用车的运用考核。各集装箱办理站应建立"集装箱专用车运用登记簿"，记录集装箱专用车的状态和运用情况，每日在报告集装箱日报的同时，及时、准确地报告"车站集装箱专用车运用报告"。

（五）集装箱中心站

全国铁路现有对外公布的集装箱办理站有 700 多个，其中专业性办理站少，多数为综合性货运站。办理站多，规模均较小，装卸设备落后，列车难以整列到发，加大了集装箱周转时间，降低了运输效率，不适应集装箱运输和现代物流发展的要求。

根据近年来的铁路资料统计，位居前列的集装箱办理站承担的集装箱运量占全路集装箱总运量的比重，排名前 10 位的车站占 30%以上，排名前 55 位占 60%以上，排名前 300 位占 90% 左右，因此铁路集装箱运量具有相对集中的特点。目前，国外铁路集装箱办理站已向大型化、专业化、现代化的方向发展。为提高我国铁路集装箱运输效率，扩大综合运输能力，增强市场适应能力，优化全路集装箱办理站布局，应根据全国经济区域布局，考虑经济区域发展差异，选择运量较大或发展空间较大，并对附近地区具有较强辐射集散作用的城市、枢纽、港口、口岸，作为铁路集装箱重点规划的中心站，建成具有先进水平的特大型集装箱办理站，使其具备相互间开行集装箱班列的能力，成为全国和区域铁路集装箱运输的中心。

1. 铁路集装箱中心站的主要功能

（1）具有编发、接卸成列集装箱列车的能力。

（2）对周边地区集装箱运输具有较强的辐射作用，是区域内集装箱运输的集散中心。

（3）具备很强的集装箱储藏能力和空箱调配能力。

（4）设有功能齐全的集装箱检修、清洗设施。

（5）具有办理国际集装箱运输的相关设施，如一关三检等。

2. 铁路集装箱中心站的布局原则

（1）铁路集装箱中心站总体布局应服从全国和社会发展的需要，与国家经济发展格局相适应。

（2）中心站应是国家和地区经济的中心，有利于带动全国和地区集装箱运输的发展。

（3）中心站的布局与铁路通道相协调，优先考虑大经济区间的集装箱运输需求，有利于增强沿海与内地的经济联系，发挥铁路运输优势，便于各种运输方式相互衔接。

根据统计资料显示，上海、北京、广州、天津、成都、昆明、重庆、乌鲁木齐、兰州、哈尔滨、西安、郑州、武汉、沈阳、青岛、大连、宁波、深圳等 18 个集装箱办理站近年来完成的集装箱到发运量基本位居全路前 18 位，发送总量占全路的 40%左右，到达总量占全路的 45%左右，相互交流量占全路的 17%左右，并具有较大的发展潜力。这 18 个办理站位于我国直辖市、主要省会城市及港口城市，在地域分布上比较均衡，其中东部 10 个，西部 6 个，中部 2 个；毗邻港口 8 个，且大多位于铁路枢纽，为此，铁道部决定将这 18 个车站建设成为集装箱中心站，使其具备相互间开行集装箱班列的能力，成为全国和区域铁路集装箱运输的中心。

三、集装箱货物运输条件

（一）集装箱必须在规定的集装箱办理站间运输

铁道部批准的集装箱办理车站（包括专用铁路、铁路专用线）在《货物运价里程表》中公布。

在公布的集装箱办理站中，有的办理全部箱型的集装箱业务，而有的仅办理一种或几种箱型。集装箱只能在办理该箱型的集装箱办理站间运输。1 t 集装箱发到业务只有零担办理站才能办理。

集装箱应采用门到门运输，即用集装箱将各种适箱货物在托运人的工厂或仓库内装箱，通过铁路、公路和其他运输方式，直接运送到收货人的工厂、仓库内卸箱的运输。托运人和收货人可使用自有运力或委托运输单位进行，车站应提供便利条件。

在特殊情况下，根据托运人、收货人的要求也可在站内指定区域装、掏箱。铁路箱出站时，车站应与门到门运输单位或托运人、收货人签订运输安全协议并收取保证金。

（二）必须使用符合规定的集装箱

在铁路运输的集装箱必须符合国际、国家或铁道部标准。

仅在国内运输的自备箱，由箱主向发站提出申请，车站逐级上报，铁道部统一公布编号后，在全路使用。

不符合规定的不能按集装箱办理运输。

（三）必须是适合集装箱运输的货物

承运人和托运人对适箱货物应采用集装箱运输，对《集装箱适箱货物品名表》中规定的货物，在发站有运用空箱时必须采用集装箱运输。《集装箱适箱货物品名表》中规定的品名共有 13 个品类，计 175 个品名：

（1）交电类，如机动车零配件、空调机、洗衣机、电视机等。

（2）仪器仪表类，如自动化仪表、教学仪器、显微镜、实验仪器等。

（3）小型机械类，如千斤顶、医疗器械、电影机械、复印机、照相机及照相器材等。

（4）玻璃陶瓷建材类，如玻璃仪器、玻璃器皿、日用陶器、石棉布、瓷砖等。

（5）工艺品类，如刺绣工艺品、手工织染工艺品、地毯、展览品等。

（6）文教体育用品类，如纸张、书籍、报纸、音像制品、体育用品等。

（7）医药类，如西医药、中成药、中药材、生物制品、其他医药品等。

（8）烟酒食品类，如卷烟、烟草加工品、酒、罐头、方便食品、乳制品等。

（9）日用品类，如化妆品、牙膏、香皂、日用塑料制品、其他日用百货等。

（10）化工类，如化学试剂、食品添加剂、合成橡胶、塑料编织袋等。

（11）针纺织品类，如棉布、混纺布、花织布、棉毛衫裤等针织品、服装、毛皮等。

（12）小五金类，如锁、拉手、水暖零件、理发用具、金属切削工具、焊条等。

（13）其他适合集装箱装运的货物。

经铁路局确定，在一定季节和一定区域内不易腐烂的易腐货物可使用通用集装箱装运。易于污染箱体的货物，如水泥、炭黑、化肥、油脂、生毛皮、牲骨、没有衬垫的油漆等货物不能使用通用集装箱装运。

易于损坏和腐蚀的箱体货物，如生铁块、废钢铁、无包装的铸件和金属块、盐等不得使用集装箱装运。

性质相抵触的货物不得混装于同一箱内。

不符合集装箱运输条件的不能按集装箱办理运输。

（四）按一批办理的条件

每批必须是标记总重相同的同一箱型，最多不得超过铁路一辆货车所能装运的箱数，铁路集装箱和自备集装箱不能按一批办理托运。

集装箱装运多种品名的货物不能在运单内逐一填记时，托运人应按箱提出一式三份物品清单。加盖车站日期戳后，一份由发站存查，一份随同运送票据递交到站，一份退还托运人。

（五）集装箱重量的限制

集装箱货物的重量由托运人确定，但托运的集装箱每箱总重不得超过该集装箱的标记总重。集装箱内单件货物的重量超过 100 kg 时，应在货物运单"托运人记载事项栏"内注明实际重量。对有称重条件的集装箱办理站（含专用线）必须逐箱复查发送的集装箱重量，对超过载重量的集装箱，车站要纠正后方可运输，并按规定核收复查产生的作业费。

对标记总重超过 24 t 的 20 ft 通用集装箱，在 40 ft 集装箱办理站间运输，最大总重可达到 30 t；在有"★"限制的 20 ft 集装箱办理站发到的，最大总重仍为 18.5 t；在其他 20 ft 集装箱办理站，最大总重仍为 24 t。

对违反规定装载的，按规定补收运费、核收违约金。

四、集装箱运输组织

（一）集装箱运输管理体制

集装箱运输涉及面广，技术性强，设备条件要求高，集装箱维修量大，货流分散，箱流调整复杂。这些基本特点要求铁路建立集装箱运输管理体系，实行专业化管理。

中铁集装箱运输有限责任公司（以下简称"公司"）是经铁道部批准、国家工商行政管理总局注册，通过整合铁路集装箱运输资源成立的国有大型集装箱运输企业，具有集装箱铁路运输承运人资格。公司主营国内、国际集装箱铁路运输、集装箱多式联运、国际铁路联运；仓储、装卸、包装、配送等物流服务；集装箱、集装箱专用车辆、集装箱专用设施、铁路篷布等经营和租赁业务。公司兼营国际、国内货运代理，以及与上述业务相关的经济、技术、信息咨询和服务业务。公司现有 1 t 铁路集装箱，20 ft、40 ft 国际通用集装箱，有折叠式台架集装箱、板架式集装箱、双层汽车集装箱、罐式集装箱、散装水泥集装箱和干散货集装箱等各种类型的专用集装箱、集装箱专用车、铁路篷布等资产。

公司的组织结构为：总公司→分公司→运营部→场站。

集装箱运输实行全路统一管理。铁路局、公司均应设专人负责集装箱运输管理，共同完成集装箱运输工作。

铁路集装箱运输集中管理本着集中办理、集中收费、方便客户、优先运输的原则，由集装箱有限责任公司负责集装箱受理、承运和交付业务，统一受理计划、统一收取费用、统一提供运输服务，公司对客户全程负责，费用按规定和合作协议清算。

（二）调度指挥

集装箱运输实行全路集中统一调度指挥，集装箱调度纳入全路运输生产调度系统。

1. 集装箱调度的职责

审批和下达集装箱月度装箱计划，按计划组织装箱和掌握去向，调整集装箱保有量和箱流去向，做好均衡运输；贯彻上级指示，发布调度命令；按时收取和向上级报告有关表报，检查分析运输情况，实施集装箱运输方案；处理集装箱运输中日常发生的问题。

各级集装箱调度根据铁道部下达的月度集装箱装车计划审批和下达月度装箱计划，按计划组织装箱，调整集装箱保有量和箱流去向，组织实施集装箱班列运输方案，掌握集装箱扣修和修竣情况，全面、准确掌握集装箱运输和专用平车动态，及时处理发生的问题。

集装箱运输实行优先审批计划、优先配车、优先挂运、优先排空箱的政策，统计报表单独统计。

2. 集装箱计划

车站应预先受理运单，集结后按方向有计划地组织装箱。

集装箱月度装箱计划由车站向集装箱调度提报，其主要内容包括发送箱数、发送吨数、去向、排空和接空箱型、箱数等。

集装箱应组织一站直达车装运。铁路局应制定管内中转集结办法，避免积压，尽快运抵到站。

发站对承运超过 7 天未能装出的集装箱应及时报告集装箱调度处理。

3. 集装箱保有量

铁路集装箱保有量是指铁路局或全路为完成规定的工作量所应保有的运用集装箱数。这是集装箱运输组织中的一项重要指标，它反映出集装箱是否处于正常运输状态。各铁路局保有一定数量的集装箱是完成集装箱运输任务的保证。

4. 集装箱的调整

集装箱调度要进行集装箱保有量的核定和分析，集装箱保有量要保持相对平衡。日常运输出现不平衡或积压时，应进行调整。调整以装运重箱为主，回送空箱和停限装为辅。

集装箱停限装和铁路集装箱空箱回送，在铁路局管内须分公司集装箱调度下达调度命令，跨局时须公司集装箱调度下达调度命令。回空的铁路集装箱，车站凭集装箱调度命令装车回送。

根据运输的需要，可备用适当数量状态良好的空集装箱。集装箱备用必须满 24 小时，不足 24 小时解除备用时，自备用时起，仍按运用集装箱计算在站停留时间。集装箱的备用和解除须铁道部集装箱调度下达调度命令。各级集装箱调度应掌握车站和集装箱修理工厂每日的集装箱扣修、送修、修竣和在修箱数。新到集装箱应经铁道部集装箱调度批准后，投入运用。

（三）集装箱作业过程

集装箱货物作业程序是铁路集装箱作业应遵循的作业程序，包括发送、途中和到达三个环节。

1. 托运与受理

集装箱运输以集装箱运单作为运输合同。托运人托运集装箱应按批提出运单。

集装箱货物专用运单（见表 4.1.3）上端居中的票据名称冠以"中铁集装箱运输有限责任公司集装箱货物运单"由两联组成，第一联为货物运单，第二联为提货单。背面印有"托运人、收货人须知"：

① 中铁集装箱运输有限责任公司集装箱货物运单是承运人与托运人之间为办理集装箱货物铁路运输所签订运输合同的证明。

② 托运人托运集装箱货物时，请向承运人按批提出集装箱货物运单一式两联，每批应是同一箱类、箱型，至少一箱，最多不得超过铁路一辆货车所能装运的箱数，且集装箱总重之和不得超过货车的容许载重量。

③ 集装箱两联相应各栏记载内容应保持一致，托运人对其所填项目的真实性负责。

④ 托运人持集装箱运单托运集装箱货物，即确认并证明愿意遵守集装箱货物铁路运输的有关规定。

⑤ 集装箱运单"发货地点"和"交货地点"栏，托运人选择站到站的运输方式不填写，如选择门到站、站到门、门到门的运输方式，则应填写详细具体的发货地址和交货地址。

⑥ 集装箱运单"提货联"用于领取集装箱货物。托运人托运集装箱货物后应及时将集装箱运单"提货联"交收货人，收货人要及时与承运人联系领取货物。

⑦ 其他未尽事宜按照铁道部有关规定办理。

托运人应如实填记运单，箱内所装货物的品名、件数、重量及使用的箱型、箱号、封印号等应与运单（物品清单）记载的内容相符。

在运单上要注明要求使用的集装箱吨位，使用自备箱或要求在专用铁路、铁路专用线卸车的集装箱，在"托运人记载事项"栏内记明"使用×吨自备箱"或应在运单"托运人记载事项"栏内记明"在×××专用铁路（铁路专用线）卸车"。

货物指定于 月 日搬入　　　　中铁集装箱运输有限责任公司　　　承运人/托运人装车

货位：　　　　　　　　　　　　　　**集装箱货物运单**　　　　　　　货票号码：

运到期限 日

托运人 → 发站 → 到站 → 收货人

发站		到站(局)		车种车号		货车标重	
到站所属省(市)自治区						国内运输□ 海铁联运□	
发货地点		交货地点				班列运输□	
托运人	名称			电话		运输方式	
	地址		邮编	E-mail			
收货人	名称			电话		站到站□　站到门□	
	地址		邮编	E-mail		门到站□　门到门□	

货物品名	集装箱箱型	集装箱箱类	集装箱数量	集装箱号码	施封号码	托运人确定重量(千克)	承运人确定重量(千克)	运输费用
合计								

托运人记载事项：	添附文件：	货物价格：	承运人记载事项：

注：本运单不作为收款凭证，　　　　　托运人盖章签字　　　承运　　　　交付
　　"托运人、收货人须知"见背面。　　　　　　　　　　　　日期戳　　　日期戳

规格：A4标准　　　　　　　　　　　　　年 月 日

货物指定于 月 日搬入　　　　中铁集装箱运输有限责任公司　　　承运人/托运人装车

货位：　　　　　　　　　　　　　　**集装箱货物运单**　　　　　　　货票号码：

运到期限 日

托运人 → 收货人 → 到站

发站		到站(局)		车种车号		货车标重	
到站所属省(市)自治区						国内运输□ 海铁联运□	
发货地点		交货地点				班列运输□	
托运人	名称			电话		运输方式	
	地址		邮编	E-mail			
收货人	名称			电话		站到站□　站到门□	
	地址		邮编	E-mail		门到站□　门到门□	

货物品名	集装箱箱型	集装箱箱类	集装箱数量	集装箱号码	施封号码	托运人确定重量(千克)	承运人确定重量(千克)	运输费用
合计								

托运人记载事项：	添附文件：	货物价格：	承运人记载事项：

提货联

注：本运单不作为收款凭证，　　　　　托运人盖章签字　　　承运　　　　交付
　　"托运人、收货人须知"见背面。　　　　　　　　　　　　日期戳　　　日期戳

规格：A4标准　　　　　　　　　　　　　年 月 日

如果托运的单件货物的重量超过 100 kg 时，应在货物运单"托运人记载事项"栏内注

明实际重量。

托运的集装箱不得匿报货物品名，货物中不得夹带危险货物、易腐货物、货币、有价证券以及其他政令限制运输的物品。

承运人应对托运人填写的运单进行审核，审核后在运单和领货凭证上加盖"×吨集装箱"戳记。

车站受理一批保价金额在 50 万元以上的大型集装箱货物，或一批保价金额在 30 万元以上的 1 t 集装箱货物，应在货物运单、货运票据封套或货物装载清单上加盖"△B"戳记（或用红色书写），并在"列车编组顺序表"记事栏内注明"△B"字样。

运到期限计算中运价里程超过 250 km 的 1 t 集装箱，另加 2 日；运价里程超过 1 000 km 的 1 t 集装箱，则另加 3 日。

2. 空箱拨配

托运人使用铁路集装箱装运货物时，由货运员指定拨配箱体良好的集装箱。托运人在使用前必须检查箱体状态，发现箱体状态不良时，应要求更换。

在站外装箱时，按车站指定的取箱日期来车站领取空箱，由货运员指定拨配空箱。

在站内装、掏箱时，按车站指定的日期将货物运至车站，由货运员指定拨配空箱。

托运人持经车站货运室货运员核准的货物运单，向发送货运员领取空箱。发送货运员接到货物运单后，应做好以下几项工作：

（1）核对批准的进箱日期及需要拨配的空箱数。

（2）指定箱号。

（3）在站外装箱的要认真填写《铁路集装箱出站单》（见表 4.1.4），并进行登记。

表 4.1.4　铁路集装箱出站单

_____站存查

甲联
A00001

出 站 填 写（空　重）				
托运人/收货人			调度命令号	
到站/货票号		箱型箱号	接收站	
箱体状况	割伤C　擦伤B　破洞H　凹损D　破损BR　部件缺失M　污箱DR		领箱人	
搬出汽车号		破损记录号　　车站经办人	出站日期	
进 站 填 写（空　重）				
箱体状况	割伤C　擦伤B　破洞H　凹损D　破损BR　部件缺失M　污箱DR		还箱人	
搬入汽车号		破损记录号　　车站经办人	进站日期	
			门卫验收:（章）	

领
箱
人
须
知

1.如本单记载与实际不符，应在出站前要求更正。
2.应及时将信箱送回，超过规定时间须支付集装箱延期使用费。
3.保证箱体完好，发生破损须赔偿。
4.本单乙联承箱同行，还箱时将乙联交回。
5.还箱收据盖戳后，保存 60 天。

说明:（1）铁路集装箱空箱出站时，将收货人、货票号抹消；交付集装箱重箱出站时，将托运人到站抹消。
　　　（2）甲、乙联可用不赋效色印制。
　　　（3）各站可根据管理需求，增加联数。

（4）由托运人按规定签认后，取走空箱。

拨配空箱时，发送货运员应会同托运人认真检查箱体状态，检查的主要内容有：

（1）箱顶是否透亮。

（2）箱壁是否有破孔。

（3）箱门能否严密关闭。

（4）箱门锁件是否完好。

托运人认为箱体状态不良不能保证货物运送安全要求更换时，承运人应给予更换。

在空箱数量不足的情况下，配箱工作应贯彻贵重、易碎、怕湿货物优先，门到门运输优先，纳入方案去向优先，简化包装货物优先的"四优先"原则，以及急运的学生课本、报纸杂志、邮政包裹和搬家货物，优先拨配空箱。

3．装箱与施封

（1）装箱。

货物的装箱工作由托运人进行，箱内货物的数量和质量由托运人负责。货物装箱时不得砸撞箱体，货物要稳固码放，装载均匀，充分利用箱内容积，要采取防止货物移动、滚动或开门时倒塌的措施，确保箱内货物和集装箱运输安全。站内装箱时，应于承运人指定的进货日期当日装完，超过期限核收集装箱延期使用费。

（2）施封。

集装箱施封由托运人负责。施封时应注意：

① 通用集装箱重箱必须施封，施封时左右箱门锁舌和把手须入座，在右侧箱门把手锁件施封孔施封一枚，用 10 号镀锌铁线将箱门把手锁件拧固并剪断余尾。其他类型集装箱的施封方法另行规定。

② 托运的空集装箱可不施封，托运人须关紧箱门并用 10 号镀锌铁线拧固。

③ 所用施封锁必须是车站出售的，或经车站同意在铁道部定点施封锁厂定购的。

（3）集装箱运单的填写。

集装箱施封后，托运人应在运单上填记集装箱箱号和施封号码，这是托运人施封责任的书面记载。填写时应注意：

填记的施封号码应与该箱箱号相对应，运单内填记不下时，可另附清单。

铁路箱可以省略箱主代号，自备箱箱号应填全箱主代号。

已填记的施封号码不得随意更改，必须更改时，托运人须在更改处盖章。

托运人应如实填记运单。箱内所装货物的品名、件数、重量及使用的箱型、箱号、封印号等应与运单（物品清单）记载的内容相符。

（4）货签。

托运 1 t 集装箱时，托运人应在门把手和箱顶吊环上各拴挂一个货签。货签上"货物名称"栏免填。拴挂前应撤除集装箱上残留的旧货签。

4．验收

发送的集装箱应于承运人指定的进站日期当日进站完毕，超过期限核收货物暂存费。

托运人装箱后，交给车站承运，承运的过程是责任转移的过程，必须认真做好集装箱的验收工作。集装箱货物是按箱验收的，货运员应逐箱进行检查，检查的内容包括：

（1）箱体状态是否良好。这包括两方面含义，一是如果发现在装箱过程中有破坏箱体的情况，要求托运人赔偿；二是如箱体不良可能危及货物安全的，应更换集装箱。

（2）箱门是否关好，锁舌是否落槽，把手是否全部入座。锁舌不入槽，箱门是假关闭；把手不入座，装卸时极易损坏集装箱。

（3）施封是否有效。集装箱施封由托运人负责。通用集装箱重箱必须施封。

（4）核对运单上填记的箱号和施封号码与集装箱上的是否一致，箱号和施封号码是否对应，运单填记的施封号码有无涂改。

（5）集装箱货物的重量原则上由托运人确定，但对有称重条件的集装箱办理站（含专用线），承运人必须逐箱复查发送的集装箱重量，集装箱总重超过集装箱标记总重时，托运人应对集装箱减载后运输，并按规定交纳违约金。

（6）承运人有权对集装箱货物品名、数量、装载状况等进行检查。需要开箱检查货物时，在发站应通知托运人到场；在到站应通知收货人到场；无法约见托运人或收货人时，应会同驻站公安检查，并做好记录。

检查发现有问题时，由托运人按规定改正后检查接收。

验收后的重集装箱应送入货区指定的箱位，并在货物运单上填写箱位号、验收日期并签章。

5．核算制票与承运

接收重箱后，货区货运员应认真填写票据，登记各种台账，并将货运单等相关费用的票据交给核算员，核算员按规定制票（货票丁联见表4.1.5）。

表 4.1.5　货票丁联

货　　票
中铁集装箱运输公司

X.00000

计划号码或运输号码：　　　　　　　　　　　　　　　　　　丁联　运输凭证：发站→到站存查

发站	到站（局）		车种车号		货车标重		承运人/托运人装车
经由		货物运到期限	运输方式				
运价里程		集装箱箱型/箱类	保价金额		现付费用		
托运人名称及地址				费别	金额	费别	金额
收货人名称及地址				运费			
货物品名	品名代码	件数	货物重量	计费重量	运号	运价率	
合计							
集装箱号码							
施封号码							
记　事				合计			

卸货时间　　月　　日　　时	收货人盖章或签字	到站交付日期戳	发站承运日期戳
催领通知方法			
催领通知时间　月　日　时	领货人身份证件号码		
到站收费收据号码		经办人章	经办人章

核收运输费用后,应在货物运单上加盖车站承运日期戳,并将领货凭证(运单第二页)交托运人,此时即为承运。

(1)集装箱货物运费的计算。

集装箱货物的运费按照使用的箱数和"铁路货物运价率表"(见表 4.1.6)中规定的集装箱运价率计算。

表 4.1.6　铁路集装箱货物运价率表

箱　型		单　位	基价 1	单　位	基价 2
集装箱	20 ft 箱	元/箱	387.50	元/箱公里	1.732 5
	40 ft 箱	元/箱	527.00	元/箱公里	2.356 2

自备集装箱空箱运价率按《铁路货物运价率表》规定重箱运价率的 40%计算。

承运人利用自备集装箱回空捎运货物,按集装箱适用的运价率计费,在货物运单铁路记载事项栏内注明,免收回空运费。

铁路建设基金计算核收办法见表 4.1.7。

表 4.1.7　铁路建设基金费率表

种　类 ＼ 项　目		计费单位	农　药	磷矿石	其他货物
集装箱	20 ft 箱	元/箱公里		0.528 0	
	40 ft 箱	元/箱公里		1.122 0	
	空自备箱 20 ft 箱	元/箱公里		0.264 0	
	空自备箱 40 ft 箱	元/箱公里		0.561 0	

集装箱货物超过集装箱标记总重量时,对其超过部分:20 ft 箱、40 ft 箱每 100 kg 按该箱型费率的 1.5%计算。

铁路电气化附加费核收办法见表 4.1.8。

表 4.1.8　电气化附加费费率表

种　类 ＼ 项　目		计费单位	费　率
集装箱	20 ft 箱	元/箱公里	0.192 00
	40 ft 箱	元/箱公里	0.408 00
	空自备箱 20 ft 箱	元/箱公里	0.096 00
	空自备箱 40 ft 箱	元/箱公里	0.204 00

集装箱货物超过集装箱标记总重量时,对其超过部分:20 ft 箱、40 ft 箱每 100 kg 按该箱型费率的 1.5%补收电气化附加费。

货运营运杂费核收办法见表 4.1.9。

表 4.1.9 铁路货运营运杂费费率表

项 目		单 位	费 率
集装箱使用费	20 ft 箱	500 km 以内	元/箱	130.00
		501～2 000 km 每增加 100 km 加收	元/箱	13.00
		2001～3 000 km 每增加 100 km 加收	元/箱	6.50
		3 001 km 以上计收	元/箱	390.00
	40 ft 箱	500 km 以内	元/箱	260.00
		501～2 000 km 每增加 100 km 加收	元/箱	26.00
		2 001～3 000 km 每增加 100 km 加收	元/箱	13.00
		3 001 km 以上计收	元/箱	780.00
铁路拼箱（一箱多批）			元/每 10 千克	0.20

延期使用铁路运输设备或违约以及委托铁路提供服务发生的杂费，按实际发生的项目和表 4.1.10《延期使用运输设备、违约及委托服务杂费费率表》的规定核收。

表 4.1.10 延期使用运输设备、违约及委托服务杂费费率表

顺号	项 目			单 位	费 率
1	过秤费		20 ft 箱	元／箱	30.00
			40 ft 箱	元／箱	60.00
2	货物暂存费		20 ft 箱	元/箱日	30.00
			40 ft 箱	元/箱日	60.00
3	集装箱延期使用费		20 ft 箱	元／箱日	60.00
			40 ft 箱	元／箱日	90.00
4	货物运输变更手续费	变更到站、变更收货人	20、40 ft 集装箱	元／批	300.00
		发送前取消托运	20、40 ft 集装箱	元／批	100.00
			其他集装箱货物	元／批	10.00
	集装箱清扫		20 ft 箱	元／箱	5.00
			40 ft 箱	元／箱	10.00

使用铁路集装箱超过规定期限的，核收集装箱延期使用费。

集装箱货物超过集装箱标记总重量时，对其超过部分：20 ft 箱、40 ft 箱每 100 kg 均按该箱型运价率的 5%核收违约金。

收货人自行掏箱而未清扫干净的，向收货人按箱核收集装箱清扫费。

（2）集装箱一口价。

为增加价格透明度、规范收费行为、满足货主需要、开拓铁路集装箱运输市场，目前铁路实行集装箱一口价。

集装箱一口价是指集装箱自进发站货场至出到站货场铁路运输全过程各项价格的总和，包括门到门运输取空箱、还空箱的站内装卸作业、专用线取送车作业、港站作业的费用和经铁道部确认的集资货场、转场货场费用。

集装箱一口价由铁路发站使用货票向托运人一次收取，货票记事栏内注明"一口价"。计算及核收以箱为单位。

集装箱一口价的费用包括以下内容：

- 国铁运费、新路新价的均摊运费、电气化附加费、特殊运价；
- 印花税；
- 铁路建设基金；
- 国铁临管线运费、合资铁路或地方铁路运费和集装箱使用费；
- 地方铁路建设附加费（福建、四川、重庆）；
- 发到站集装箱装卸综合作业费；
- 铁路集装箱使用费；
- 运单表格费、货签表格费、施封材料费、铁路集装箱清扫费；
- 护路联防费；
- 经铁道部确认的港站费用和转场费用。
- 集装箱一口价不包括的费用：
- 要求保价运输的保价费用；
- 快运费；
- 委托铁路装掏箱的装掏箱综合作业费；
- 专用线装卸作业的费用；
- 集装箱在到站超过免费暂存期间产生的费用；
- 托运人或收货人责任发生的费用。

下列情况中，集装箱运输一口价中的相应费用在发站免收或减收，在到站退还收货人：

专用线、专用铁道装卸作业的，装卸综合作业费与取送车费的差额；

托运人、收货人自装自卸的装卸综合作业费；

在部定转场货场，托运人、收货人直接到铁路货场取送集装箱或装掏箱的转场费用；

管内装卸综合作业费、组织服务费等杂费下浮的；

按规定权限批准运价下浮的，集装箱运输一口价的各项费用同比例下浮，包括到站费用；

下列货物不适用集装箱运输一口价运输，仍按一般计费规定计费的：

集装箱国际联运；

集装箱危险品运输（可按普通货物条件运输的除外）；

冷藏、罐式、板架等专用集装箱运输；

实行一口价的集装箱暂不办理在货物中途站或到站提出的运输变更。

6. 装卸车作业

（1）装载加固基本要求。

使用铁路货车装运集装箱时，应合理装载，防止超载、集重、偏载、偏重、撞砸箱体。集装箱装车前须清扫干净车地板。

集装箱装车时应核对箱号，检查箱体和施封情况。专用集装箱和特种货物集装箱还要检查外部配件。

使用集装箱专用车和两用车时，装车前须确认锁头齐全、状态良好；装车后要确认锁头完全入位，门挡立起。

使用普通平车装运集装箱时，应按规定装载加固。

使用敞车装运重集装箱时，应采取措施，防止偏载。

（2）装载技术要求。

端部有门的 20 ft 集装箱使用平车装运时，箱门应朝向相邻集装箱。

空集装箱运输时，须关紧箱门并用 10 号镀锌铁线拧固。

（3）搬运和堆码要求。

集装箱装卸和搬运时应稳起轻放，防止冲撞。10 t 以上集装箱应使用集装箱专用吊具装卸。装卸部门码放集装箱时，必须关闭箱门，码放整齐，箱门朝向一致；多层码放时，要角件对齐，不得超过限制堆码层数。

（4）装车后票据、封套的填写。

集装箱装车时，应填制"集装箱货车装载清单"，记明箱号和对应的施封号。在货运票据封套右上角加盖箱型戳记并填记箱号（1t 箱除外），在"货物实际重量"栏内填记箱数和全车集装箱总重。

（5）卸车。

集装箱卸车时，应核对箱号，检查箱体和施封情况。

卸车结束后，卸车货运员应凭票核对箱号、箱数、施封等项目，在货运票据上注明箱位，登记"集装箱到发登记簿"，向内勤货运员办理运输票据的交接，向货调报告卸车结束时间。

7. 交 付

到站应向运单记载的收货人交付集装箱。

收货人在收到领货凭证或接到车站的催领通知后，应及时到车站领取货物。收货人在办理领取手续时，车站应认真审查领货凭证及相关证明文件，确认正当的收货人后，清算运输费用，在货物运单上加盖戳记并交给收货人。收货人持运单到货区领取集装箱，货区货运员将集装箱点交给收货人后，认真填写集装箱出站单，并在货物运单上加盖"交讫"戳记，收货人凭加盖"交讫"戳记的运单和集装箱出站单将集装箱搬出货场。

到达的集装箱应于承运人发出催领通知的次日起算，2 天内领取集装箱货物，并于领取的当日内将箱内货物掏完或将集装箱搬出。

站内掏箱时，应于领取的当日内掏完。

集装箱门到门运输重去空回或空去重回时，应于领取的次日送回；重去重回时应于领取的 3 天内送回。铁路集装箱超过免费暂存期限和使用铁路箱超过规定期限时，核收货物暂存费和集装箱延期使用费。

集装箱的掏箱由收货人负责。铁路箱掏空后，收货人应清扫干净，将箱门关闭良好，撤除货签及无关标记，有污染的须除污洗刷。车站对交回的铁路箱空箱应进行检查，发现未清扫或未洗刷的，应在收货人清扫或洗刷干净后接收，或以收货人责任委托清扫人员清扫洗刷。

收货人领取自备箱时，自备箱与货物应一并领取。

（四）集装箱的交接

1. 交接地点和方法

（1）在车站货场，重箱凭箱号、封印和箱体外状，空箱凭箱号和箱体外状交接。箱体没有发生危及货物安全的变形或损坏，箱号、施封号码与货物运单记载一致，施封有效时，箱内货物由托运人负责。

（2）在专用铁路、专用线装或卸车由车站与托运人或收货人商定交接办法。

2. 交接凭证

进出站交接凭证为"铁路箱出站单"。

从车站搬出铁路箱时，车站根据运单填写"铁路箱出站单"作为出站和箱体状况交接的凭证。

集装箱送回车站时，车站收妥集装箱并结清费用后，在"铁路箱出站单"乙联上加盖车站日期戳和经办人章，将收据交还送箱人。

3. 交接问题的处理

发站在接收集装箱时，检查发现箱号或封印内容与运单记载不符或未按规定关闭箱门、拧固、施封的，应由托运人改善后接收。箱体损坏危及货物和运输安全的不得接收。

表 4.1.11　集装箱破损记录

No.00001

注：本记录一式三份，一份编制纪录站存查，一份交责任单位，一份随箱通行。

规格：A5竖印

收货人在接收集装箱时，应按运单核对箱号，检查施封状态、封印内容和箱体外状。发现不符或有异状时，应在接收当时向车站提出。

到站卸车发现集装箱施封锁丢失、封印内容不符、施封失效时，应在当时清点箱内货物并编制货运记录；发现集装箱破损可能危及货物安全时，应会同收货人或驻站公安检查箱内货物并编制货运记录。铁路箱破损时应编制"集装箱破损记录"（见表 4.1.11）。

4．交接责任的划分

交接前由交方承担，交接后由接方承担，但运输过程中由于托运人责任造成的事故和损失由托运人负责；因集装箱质量发生的问题，责任由箱主或集装箱承租人负责。

集装箱在承运人的运输责任期内，箱体没有发生危及货物安全的变形或损坏，箱号、施封号码与运单记载一致，施封有效时，箱内货物由托运人负责。

5．违约与赔偿责任

托运人有违约责任时，承运人应按合同约定或有关规定向托运人或收货人核收违约金和因检查产生的作业费用。可继续运输的，车站应会同托运人或驻站公安补封，编制货运记录。

铁路箱由于托运人或收货人责任造成丢失、损坏及无法洗刷的污染时，应由托运人或收货人负责赔偿，责任人在"铁路箱出站单"上签认，车站凭"铁路箱出站单"编制"集装箱破损记录"，作为向责任人索赔的依据。

自备箱由于承运人责任造成上述后果时，车站应编制货运记录，由承运人负责赔偿。赔偿费按实际发生的费用计算。

（五）双层集装箱运输组织

1．组织管理

中铁集装箱运输有限公司负责铁路双层集装箱（以下简称双层箱）运输的经营和发到站的安全管理工作；铁路局负责运输组织和途中的安全管理工作。

装车后，装车站要认真检查集装箱在车内的装载状态和锁具定位情况，并做好记录。

装车站要指定专门技术人员根据箱型和重量等确定装车方案，并严格按方案装车，保证不超载、不偏载、不偏重。称重、方案制定、装车和加固等要建立签认制度，责任落实到人。

途中交接检查按《铁路货物运输管理规则》办理。发现箱门开启、上下层箱错位等危及行车安全的情况时，要立即甩车处理。

2．技术要求

双层箱运输仅限使用×2K 和×2H 型专用平车，装后集装箱和货物总重不得超过 78 t，重车重心高不得超过 2 400 mm。

双层箱运输在部公布发到站间、按指定径路组织班列运输。装车后不得超过《技规》规定的铁路双层集装箱运输装载限界，列车运行速度不得超过 100 km/h。

双层箱专用平车不得经驼峰解编，不得溜放。

双层箱运输，使用国际标准 20 ft、40 ft 及宽度、高度、结构、载重和强度等符合国际标准的 48 ft 集装箱，20 ft 箱高度不超过 2 591 mm，40 ft 箱不超过 2 896 mm。

箱内货物要码放稳固、装载均匀。装箱后箱门应关闭良好，锁杆入位并旋紧。箱门关闭不良的集装箱不得进行双层运输。

20 ft 箱的箱门应朝向相邻集装箱，使用专用锁具连接上下两层集装箱，并将锁具置于锁闭状态。

3. 按方案装车

（1）重箱在下，轻箱在上。上层箱的总重不得超过下层箱。

（2）下层限装 2 个 20 ft 或 1 个 40 ft 箱，上层限装 1 个 40 ft 或 48 ft 箱。

（3）每层 20 ft 箱的高度须相同，重量差不超过 10 t。

（4）20 ft 和 40 ft 箱组合时，20 ft 箱限装下层。

集装箱货物运输作业程序如图 4.1.1 所示。

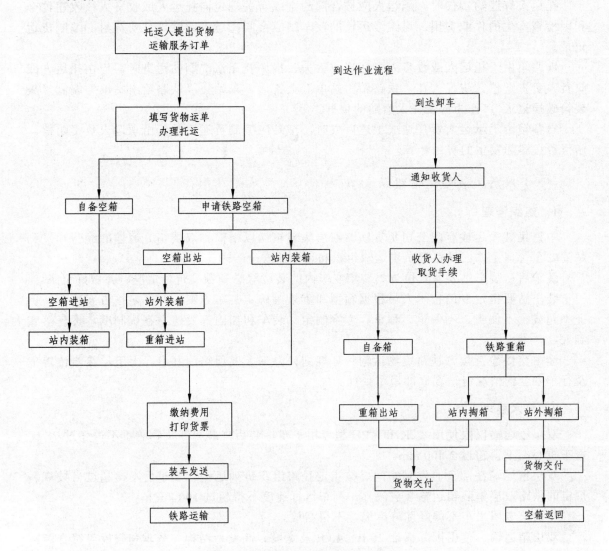

图 4.1.1 集装箱货物作业程序图

（六）信息和统计

1. 信息管理

集装箱运输应建立全路统一的运输管理信息系统，使用统一的票据、表报和电子单证，实现集装箱运输动态管理和实时信息查询，逐步实现与港口、口岸、大客户等的电子数据交换。

铁路局和公司应设专人负责计算机网络及信息系统日常维护工作，确保系统安全、平稳运行、数据准确，实现对集装箱的实时动态管理。

集装箱办理站应使用全路统一标准的集装箱管理信息系统，及时、准确录入集装箱承运、装卸车、出入站等信息。每日 18：00 作出"集装箱运用报告"，逐级上报集装箱调度。

2. 集装箱运输的主要指标

集装箱运输的主要指标分为数量指标和质量指标。

数量指标包括：集装箱发送箱（TEU）；集装箱发送吨；集装箱运输收入；国际集装箱发送箱（TEU）。

质量指标包括：集装箱在站平均停留时间（d）、集装箱保有量（TEU）、集装箱周转时间（d）。

（1）铁路集装箱在站平均停留时间计算。

集装箱在站的停留时间是指集装箱到站卸车结束时起到重新装车时止的全部停留时间（d），但不包括其中的转入非运用的停留时间。集装箱在站的平均停留时间只对铁路集装箱统计计算并填写"集装箱停留时间统计簿"。

（2）铁路集装箱保有量。

铁路集装箱保有量=铁路箱日均发送箱数×平均停时

在日常集装箱运输组织工作中，要注意这些主要指标的变化，发现问题要及时找出原因，有针对性地提出解决问题的措施，保证和改进集装箱运输工作。

3. 集装箱管理

发到的集装箱应使用"集装箱到发登记簿"进行管理，单证保管期限为 1 年。

车站应每日整理"铁路箱出站单"，与站外存箱单位核对存箱数量，填制"铁路箱站外存留日况表"，及时催还未按时送回车站的铁路箱。

 实训练习

1. 下列货物能否用铁路通用集装箱运输？请说明理由。
（1）日用百货；（2）服装；（3）生皮张；（4）电视机；（5）炭黑；（6）机械零件（零散、箱装）；（7）鲜桃；（8）钢锭；（9）TNT 炸药；（10）盐。

2. 托运人在南仓站托运下列货物，南仓站能否受理？并说明理由。
（1）托运人按一批托运一个 20 ft 自备集装箱和一个 20 ft 铁路集装箱。
（2）托运人按一批托运 8 个集装箱。
（3）托运人按一批托运 2 个 20 ft 自备集装箱和 1 个 40 ft 铁路集装箱。

3．石家庄南站托运货物，根据下列条件，分别以托运人和承运人的不同岗位角色完成集装箱货物运输组织工作。

（1）2 个 20 ft 集装箱，每个集装箱内装服装 18 t，货物到站为北郊。运价里程 1 289 km，箱号为 TBJU 538356/542357。

（2）2 个 20 ft 企业自备集装箱，1 个集装箱内装百货 16 t，1 个集装箱内装电视机 1 000 台，重 23 t。货物到站为北郊，箱号为 SBTU 135673/135674。

（3）1 个 40 ft 集装箱，内装工业机械零配件共 24 000 kg。货物到站为济南，箱号为 TBJU715673。

4．南仓站承运 2 个 20 ft 集装箱，每个集装箱内装服装 18 t，货物到站为北郊。车站验收重箱时，应验收哪些内容？

5．山海关发佳木斯农业机械配件 20 t，使用 20 ft 集装箱一个装运，（箱重 2 210 kg，标重 24 000 kg），经货运员检斤发现该箱总重为 25 650 kg，该站应如何补收费用？

6．某托运人使用 20 ft 集装箱 1 个装运搬家货物，运价里程为 3 100 km，请计算应核收的集装箱使用费。

7．武汉局管辖的某站到达 20 ft 箱 2 箱，3 月 1 日发出催领通知，3 月 5 日收货人来车站办理手续，当天将重箱运走（"门到门"运输），3 月 10 日将空箱送回车站但未清扫。计算到站应核收的费用。

任务 2 专用集装箱的运输组织

 任务描述

本任务主要是关于专用集装箱运输组织的相关知识介绍与技能训练，是集装货物运输组织的重要组成部分。通过本任务的学习，使学生了解专用集装箱的技术参数及用途，理解专用集装箱运输方案。

一、专用集装箱简介

（一）专用集装箱技术参数

专用集装箱专门适用于运输特殊性质或有特殊要求的货物，如原木及板材、钢材及管件、散装水泥、散装矿砂及化工品、轻油、润滑油、酒精、水煤浆、轿车、微型面包车等。

由于其运输货物的特殊性和多样性，专用集装箱的品种也相对较多，有通风箱、保温箱、罐式箱、敞顶箱、台架箱、平台箱、干散货箱和按货物命名的集装箱等。目前较常见的专用集装箱有干散货集装箱、罐式集装箱、散装水泥集装箱、折叠式台架集装箱、汽车集装箱等，其主要技术参数见表 4.2.1。

表 4.2.1　铁路专用集装箱有关技术参数

箱型	箱主代码	箱类	自重（t）	外部尺寸（mm）	箱体标记最大允许总重（t）
20 ft	TBB	干散货集装箱	3.10	6 058×2 438×2 896	30.48
	TBG	弧形罐式集装箱	6.30	6 058×2 438×2 896	30.48
		散装水泥罐式集装箱	4.95	6 058×2 438×2 896	30.48
		水煤浆罐式集装箱	4.25	6 058×2 438×2 591	30.48
		框架罐式集装箱	4.15	6 058×2 438×2 591	30.48
	TBP	板架式汽车集装箱	4.30	7 675×3 180×348	28.30
		折叠式台架集装箱	2.50	5 610×3 155×3 400	30.00
	TBQ	双层汽车集装箱	3.70	6 058×2 438×3 200	15.00
50 ft	TBQ	双层汽车集装箱	11.61	1 5400×2 500×3 200	30.48

（二）专用集装箱的用途

1. 干散货集装箱

干散货集装箱是在通用集装箱的基础上，为适应散堆装货物的封闭运输而开发的铁路特种集装箱。该种集装箱具有装载量大、易于装卸、无包装、环保、安全等特点，既可装运普通干货，又可装运矿砂、焦炭、硫黄、氧化铝、粮食等散堆装货物，以及建筑陶瓷、金属制品、金属锭、机械零配件等货物。目前，该箱型已在山西的焦炭运输、西南地区的硫磷运输中广泛使用。

2. 罐式集装箱

罐式集装箱是专门装运酒类、油类（如动植物油）、液体食品以及化学品等液体货物的集装箱，还可以装运其他液体状的危险货物。这种集装箱有单罐和多罐数种，罐体四角由支柱、撑杆构成整体框架。

（1）20 ft 弧型罐式集装箱

20 ft 弧型罐式集装箱可以在全国范围内为客户提供非腐蚀性液体货物运输服务，运输的货物品类有轻油类产品、植物油、润滑油等非危险液体货物。该箱设计新颖、运输安全，充分利用了标准集装箱的容积，填补了中国铁路集装箱液体货物运输的空白。目前弧型罐式集装箱运输覆盖了除拉萨以外全国各个地区。

（2）20 ft 散装水泥罐式集装箱

20 ft 散装水泥罐式集装箱是专门为运输散装水泥而设计制造的铁路特种集装箱。该种集装箱可装载无水分、无腐蚀性的粉状、颗粒状散装物料，其特点是集包装、运输、仓储于一体，可实现散装水泥的"门到门"运输，具有载重量大、装卸方便、保证货物品质、货物损耗几乎为零、节约包装费用、环保等优点。目前，散装水泥罐式集装箱运输已覆盖全国各地，此种罐式集装箱在北京奥运工程、宁波湾跨海大桥、湖北、河南省的高速公路建设中得到广泛运用。

（3）水煤浆罐式集装箱。

水煤浆罐式集装箱是贮运水煤浆的罐式集装箱。它包括刚性框架和通过连接板安装在刚性框架内的罐体，还包括设置于罐体外部的保温装置和设置于罐体内的除沉淀装置。其特征是：具有保温、加热、除沉淀等实用新型功能。

3. 台架式集装箱

台架式集装箱是没有箱顶和侧壁，甚至连端壁也去掉而只有底板和四个角柱的集装箱。这种集装箱可以从前后、左右及上方进行装卸作业，适合装载长大件和重货件，如重型机械、钢材、钢管、木材、钢锭等。台架式的集装箱没有水密性，怕水湿的货物不能装运，或用帆布遮盖装运。其中 20 ft 折叠式台架集装箱较为常见，是针对木材运输而设计开发的铁路特种集装箱，该种集装箱一组两只与一辆铁路普通平车配套使用，可装运原木、管材等长大货物，具有载重量大、装卸方便、空箱可折叠回送、运输安全等特点。在满洲里、绥芬河口岸以及东北林区的木材运输中，该箱深受广大客户欢迎。

4. 汽车集装箱

汽车集装箱是一种运输小型轿车用的专用集装箱，其特点是在简易箱底上装一个钢制框架，通常没有箱壁（包括端壁和侧壁）。这种集装箱分为单层的和双层的两种。因为小轿车的高度为 1.35 m～1.45 m，如装在 8 ft（2.438 m）的标准集装箱内，其容积要浪费 2/5 以上。因而出现了双层集装箱。这种双层集装箱的高度有两种：一种为 10.5 ft（3.2 m），一种为 8.5 ft 高的 2 倍。因此汽车集装箱一般不是国际标准集装箱。

铁路汽车集装箱主要是针对日益发展的商品轿车运输而开发的，包括 50 ft 双层汽车箱、20 ft 双层汽车箱、25 ft 板架式汽车箱三种箱型。其中，50 ft 双层汽车集装箱运营范围最广，其两侧设有折叠箱门，箱内配有折叠装车渡板和连接渡板，装车渡板可供汽车自行开上、开下，连接渡板可使集装箱在专用平车上连接成列，由于可前后开箱门，实现了从第一箱至第 N 箱整列汽车的自装自卸，不需要任何装卸接卸设备，提高了装卸效率。

为实现铁路商品车运输资源的优化整合，避免铁路企业间的内部竞争，增强铁路在乘用车运输市场的竞争力，目前，中铁集装箱运输有限责任公司汽车集装箱运输业务全部与中铁特种货物运输有限责任公司合作经营。

5. 保温集装箱

保温集装箱是为了运输需要冷藏或保温的货物，所有箱壁都采用导热率低的材料隔热而制成的集装箱，可分为以下三种：

（1）冷藏集装箱。

冷藏集装箱是以运输冷却或冷冻食品为主，能保持设定温度的保温集装箱，专为运输如鱼、肉、新鲜水果、蔬菜等食品而特殊设计。冷藏集装箱分两种：一种是集装箱内带有冷冻机的叫机械式冷藏集装箱，目前国内外的机械冷藏箱不但箱上装设了自控装置，而且有遥测装置，冷藏箱运送到世界任何地方，在计算中心都可知道其所在位置、箱内温度、机器设备状况；另一种运输途中无需动力，依靠箱内冷冻板所蓄之冷量维持箱内温度在所需范围之内，冷板充足冷量后可连续运用约 10 天，适用于国内公路、铁路及水路联运。箱体为框架焊接结构，夹层结构采用聚氨酯整体发泡工艺，自带冷板充冷机组，外部供电。

（2）隔热集装箱。

隔热集装箱是为载运水果、蔬菜等货物，防止温度上升过大，以保持货物鲜度而具有充分隔热结构的集装箱。通常用干冰作制冷剂，保温时间为 72 小时左右。

（3）通风集装箱。

通风集装箱是为装运水果、蔬菜等不需要冷冻而具有呼吸作用的货物，在端壁和侧壁上设有通风孔的集装箱，如将通风口关闭，同样可以作为杂货集装箱使用。

6. 敞顶集装箱

敞顶集装箱是一种没有刚性箱顶的集装箱，有由可折叠式或可折式顶梁支撑的帆布、塑料布或涂塑布制成的顶篷，其他构件与通用集装箱类似。这种集装箱适于装载大型货物和重货，如钢铁、木材，特别是像玻璃板等易碎的重货，利用吊车从顶部吊入箱内不易损坏，而且也便于在箱内固定。

7. 平台集装箱

平台集装箱是在台架式集装箱上再简化而只保留底板的一种特殊结构集装箱。平台的长度与宽度与国际标准集装箱的箱底尺寸相同，可使用与其他集装箱相同的紧固件和起吊装置。这一集装箱的采用打破了集装箱必须具有一定容积的概念。

8. 服装集装箱

服装集装箱在箱内上侧梁上装有许多根横杆，每根横杆上垂下若干条皮带扣、尼龙带扣或绳索，成衣利用衣架上的钩，直接挂在带扣或绳索上。这种服装装载法属于无包装运输，它不仅节约了包装材料和包装费用，而且减少了人工劳动，提高了服装的运输质量。

9. 动物集装箱

动物集装箱是一种装运鸡、鸭、鹅等活家禽和牛、马、羊、猪等活家畜用的集装箱。为了遮蔽太阳，箱顶采用胶合板露盖，侧面和端面都有用铝丝网制成的窗，以求有良好的通风条件。侧壁下方设有清扫口和排水口，并配有上下移动的拉门，可把垃圾清扫出去，还装有喂食口。

10. 原皮集装箱

原皮集装箱是专门用于装运原皮的。因为原皮有臭气并有大量液汁流出，所以设计制造集装箱时，在结构上要便于清洗和通风，在材料使用上可采用玻璃钢衬板。

二、专用集装箱运输方案

（一）20 ft 干散货集装箱试运方案

【方案一】

（1）集装箱参数：

外部尺寸（长×宽×高）：6 058 mm×2 438 mm×2 591 mm；标记最大总重：30 480 kg；自重：3 100 kg；最大允许载重：27 380 kg；顶孔开口尺寸：1 400 mm×1 765 mm；箱号：TBBU500000~509149。

（2）允许装运货物：

通用集装箱适箱货物和适箱散堆装货物。

（3）办理站：

在 40 ft 通用集装箱办理站或专用线间运输，具备散堆装货物装卸条件的车站和专用线也可办理。

（4）装运要求：

装后最大总重不得超过 30 000 kg，装卸车要求与 20 ft 通用集装箱相同。

在车上装箱时，发站应要求托运人至少每季测定一次货物密度。装箱时，根据集装箱容积和货物密度，量尺划线，确定装载高度；装箱后平顶检查。发站要做好监装工作，防止超载。

干散货箱端部箱门须按通用集装箱要求进行施封。装运成件货物时，应将上部箱门箱内插销插紧锁死；装运散货时，应将上部箱门箱外锁紧装置关闭严密并用专用锁具锁死，防止人为破坏。

【方案二】

（1）集装箱参数：

外部尺寸（长×宽×高）：6 058 mm×2 438 mm×2 591 mm；标记最大总重：30 480 kg；自重：2 270 kg；最大允许载重：28 210 kg；顶孔开口尺寸：2 800 mm×1 500 mm。

（2）允许装运货物：

通用集装箱适箱货物和适箱散堆装货物。

（3）办理站：

在 40 ft 通用集装箱办理站或专用线间运输，具备散堆装货物装卸条件的车站和专用线也可办理。

（4）装运要求：

装后最大总重不得超过 30 000 kg，装卸车要求与 20 ft 通用集装箱相同。

在车上装箱时，发站应要求托运人至少每季测定一次货物密度。装箱时，根据集装箱容积和货物密度，量尺划线，确定装载高度；装箱后平顶检查。发站要做好监装工作，防止超载。

（5）箱顶盖加固要求：

装载货物后，上部顶门用专用绳网苫盖，并将系绳拉紧拴牢在顶门边的挂钩上。专用绳网限一次性使用。

专用绳网采用优质尼龙等聚合料绳编织制成，禁止使用腐烂、腐蚀及再生材料制作的绳网。专用绳网网筋的破断拉力不得小于 60 N，围筋和系绳的破断拉力不小于 150 N，80%破断拉力时的伸长率不大于 18%。

专用绳网规格尺寸见表 4.2.2。

表 4.2.2　专用绳网规格尺寸

绳网长度（mm）	绳网宽度（mm）	系绳数量	系绳长度（mm）	网眼边长（mm）
6 200	2 500	16	500	≤40×40

专用绳网结构如图 4.2.1 所示。

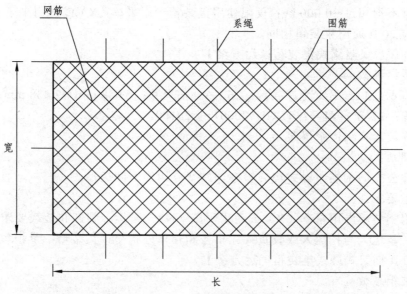

图 4.2.1　专用网绳结构图

（二）罐式集装箱试运方案

【中铁 20 ft 弧型罐式集装箱试运方案】

（1）集装箱参数：

外部尺寸（长×宽×高）：6 058 mm×2 438 mm×2 896 mm；标记最大总重：30 480 kg；自重：6 300 kg；内部容积：33.5 m³；箱号：TBGU500001～502000；工作环境：-40～60℃，常压容器。

（2）允许装运货物：润滑油、植物油、液体普通货物。

（3）办理站：

在 40 ft 通用集装箱办理站或专用线间运输，具备罐式集装箱充装、抽卸条件的车站和专用线也可办理。

（4）装运要求：

装后最大总重不得超过 30 000 kg，装卸车要求与 20 ft 通用集装箱相同。

在车上装箱时，发站应要求托运人至少每季度测定一次货物密度。铁龙公司负责提供集装箱容积相关资料。装箱时，根据集装箱容积和货物密度，确定装载高度，并按此高度装箱。发站要做好检查工作，防止超载。

【中铁 20 ft 散装水泥罐式集装箱试运方案】

（1）集装箱参数：

外部尺寸（长×宽×高）：6 058 mm×2 438 mm×2 896 mm；标记最大总重：30 480 kg；自重：4 950 kg；最大允许载重：25 050 kg；箱号：TBGU540001～541050

（2）允许装运货物：散装水泥。

（3）办理站：

可在 40 ft 通用集装箱办理站或专用线间运输，具备散装水泥充装、抽卸条件的车站和专用线也可办理。

（4）装运要求：

每箱总重不得超过 30 000 kg；仅限使用集装箱专用平车（X）或两用平车（NX）装运；装卸车要求与 20 ft 通用集装箱相同。

【中铁 20 ft 水煤浆罐式集装箱试运方案】

（1）集装箱参数：

集装箱自重：4 t；最大允许载重：26 t；外部尺寸：6 058 mm×2 438 mm×2 591 mm；罐体最大容积：22 m³；箱号：TBGU520001～520100。

（2）允许装运货物：水煤浆。

（3）办理站：

在铁道部公布的水煤浆罐式集装箱办理站（专用线）间运输。

（4）装运要求：

仅限使用集装箱专用平车（X）或两用平车（NX）装运；装卸和装载要求与 20 ft 通用集装箱相同；承运人与托运人或收货人凭箱号和箱体外状交接集装箱；重箱禁止溜放。

【中铁 20 ft 框架式罐式集装箱试运方案】

（1）集装箱参数

箱型代码：22T2；外部尺寸（长×宽×高）：6 058 mm×2 438 mm×2 591 mm；标记最大总重：30 480 kg；自重：4 150 kg；内部容积：26 m³；罐体设计温度：-40～130℃，常压容器；箱号：TBGU510001～511000。

（2）允许装运货物：植物油、润滑油（普通货物）。

（3）办理站：

在 40 ft 通用集装箱办理站或专用线间运输，具备罐式集装箱充装、抽卸条件的车站和专用线也可办理。

（4）装运要求：

装后最大总重不得超过 30 000 kg，装卸车、装载加固要求与 20 ft 通用集装箱相同。

在车上装箱时，发站应要求托运人至少每季度测定一次货物密度。铁龙公司负责提供集装箱容积相关资料。装箱时，根据集装箱容积和货物密度，确定装载高度，并按此高度装箱。发站要做好检查工作，防止超载。

编号范围为 TBGU510601～511000 的，装运货物为植物油，发站为哈尔滨、沈阳局符合条件的办理站。

箱号为 TBGU510001～510600 的，装运货物为润滑油，发站为乌鲁木齐局符合条件的办理站。

（三）板架式集装箱试运方案

【中铁 25 ft 板架式集装箱试运方案】

（1）集装箱技术参数

外形尺寸：7 675 mm×3 180 mm×348 mm；自重：4 300 kg；总重：28 300 kg；箱号：TBPU100000～101000。

（2）货物规格：

（厢式、单排座型、双排座型）微型汽车、农用三轮车：车宽≤1 600 mm，轮径≤1 000 mm，轮距为 1 100～1 300 mm；轻型货车：车宽≥1 680 mm，轮径≤1 000 mm，轮距为 1 400～1 600 mm。

（3）准用货车：X_{6B}、X_{6C}、NX_{17B} 和 NX_{70} 型货车。

（4）办理站：

办理地点须具备端站台或高站台，在铁道部公布的板架式集装箱办理站（专用线）间运输。

（5）加固材料：

专用紧固索具（由铁链、紧线器或钢丝绳组成）、专用止轮器（230 mm×140 mm×150 mm）及专用车厢卡板。

（6）装载方法：

每车装载 2 个集装箱。

将汽车装在板架式集装箱上，具体装载方式有横装、顺装、爬装和跨装等，装载后必须均衡对称。

① 横装：沿车辆纵中心线交错横装，台与台间距不小于 50 mm。

② 顺装：轻型货车沿集装箱中心线顺装 1 行，微型汽车顺装 2 行。每行装载数量根据汽车长度和集装箱长度确定。汽车间距不小于 100 mm。

③ 爬装：轻型货车（自重≤2t）沿集装箱纵中心线爬装 1 行。微型汽车、农用三轮车爬装 2 行，每行第一台车装至斜导轨上（或平装）；单排座型每行从第二台起前轮依次爬放在前一台车的车厢内，双排座型的前轮则爬放在安插于前一台车的专用车厢卡板上。爬装汽车头部与前台汽车驾驶室后部的间距不小于 50 mm。汽车后端板应用铁线吊起，与后面所装汽车底部的距离不得小于 50 mm。

根据微型汽车车型、数量的不同，也可同时采用横装、顺装和爬装三种装载方式中的任意两种装载，但必须符合相应的装载要求。

跨装：

① 轻型货车顺装时，跨及两辆平车的，其头部与前台汽车尾部的间距不得小于 350 mm。

② 轻型货车（自重≤2 t）爬装时，跨及两辆平车的，其头部与前台汽车驾驶室后部不得小于 250 mm，其余汽车的头部与前台汽车驾驶室后部不得小于 50 mm。汽车后端板应用铁线吊起，与后面所装汽车底部的距离不得小于 50 mm。

装车后汽车门窗锁闭，制动装置全部制动，变速器置于初速位置，制动把柄或拉杆用铁线捆绑牢固。

（7）加固方法：

横装、顺装时，每台汽车前轮的前端及后轮的后端均用止轮器掩紧，并将止轮器可靠地固定在专用箱的地板上；顺装时在每台汽车每侧，横装时在每端，使用紧固索具将汽车八字形拉牵加固于箱体上。

顺装跨及两辆平车上的汽车，必须在距前轮外侧或内侧 50 mm 处安装侧挡铁，后轮前后均用止轮器掩紧，并用紧固锁具八字形拉牵加固于箱体上。

爬装时，每行第一台车的前、后轮及爬装车辆后轮的前后端均用止轮器掩紧，并将止轮器可靠地固定在箱体上，每台汽车用紧固索具八字形拉牵加固于箱体上。

（8）其他要求：

装车前，认真检查并确保集装箱和加固材料状态良好。

汽车装车后，不得超限；需突出车端装载时，突出端的半宽不大于车辆半宽时，允许突出平车端梁 300 mm；大于车辆半宽时，允许突出端梁 200 mm。

需跨装时，平车地板高度应相等，跨装车组应按规定使用车钩缓冲停止器，禁止溜放。

板架式集装箱可叠装 5 层回空。装车时，将箱体的蘑菇头全部翻出，角件对齐蘑菇头装载。装车后，将叠装箱体的 4 个角分别用 8 号铁线 4 股捆绑牢固。

板架式集装箱单层回空时，可以在每个箱上装载 1 个 20 ft 集装箱（空或重箱），但装载总重（包括集装箱和货物重量）不得超过平车的标记载重量，且装载不偏载、不偏重。

（四）折叠式台架集装箱的运用管理办法

1. 基本要求

作为铁路折叠箱的所有人，对箱体质量负责。铁路局、集装箱公司的安全管理责任按有关规定办理。

折叠箱的运用、管理和维修工作坚持发站从严和维修质量从严的原则。

2. 技术条件

折叠箱与铁路 60 t 及以上木地板普通平车（N）或两用平车（NX）配合使用（NX_{17B} 和 NX_{17BT} 等车底架长度超过 13.5 m 的平车除外）。

折叠箱必须成对使用，最大载重量 55 t。

允许装运的货物长度为 3.8 m、4 m、6 m、8 m、12 m 的木材。装运腐朽或有腐朽表面、洞眼的木材时，应喷涂防火剂。

需扩大使用范围时，由集装箱公司会同相关铁路局提出试运方案报铁道部，通过论证和试验后，方可进行试运。

折叠箱在铁道部公布的折叠箱办理站（含专用线，以下同）间办理运输。

折叠箱运输不施封。承运人与托运人或收货人凭箱号、箱体外状及重箱货物装载加固状态办理交接。

车站发现折叠箱损坏达到扣修标准时，应编制"铁路箱破损记录"，按规定送修，经验箱师验收合格后方可继续使用。

空箱应折叠后回送，最多可 5 箱叠成一组，一车两组共 10 箱装于一辆平车回运，每组高度应相同。

3. 运输管理

装车前，应认真检查车辆，与折叠箱箱脚相对应的支柱槽必须良好，车地板无腐朽损坏。

装箱前，应对箱体质量进行检查，发现底架、端墙、侧框的焊接部位和箱体与车辆连接处等关键部位达到扣修条件之一或定检过期时，不得使用。但下列情况不影响运输安全时可装车使用：

（1）吊环缺损。

（2）活动螺栓腿变形不超过 20 mm，或活动螺栓腿挡片损坏、丢失但螺纹完好，可以与平车加固连接。

（3）斜支撑销丢失，装车站可用指定代用件加固。

（4）侧框剪刀撑变形，但外框良好不影响使用。侧框上部变形，无开焊。侧框外涨不足 100 mm。

（5）叠放安全销、保险栓、保险栓座和手柄变形但不影响使用。

（6）花篮螺栓连接杆弯曲不影响使用。

装车前，应将车（箱）内所有的钢丝绳、铁线头等残留物清理干净，打开箱脚上的保险栓。

安装折叠箱时，将两侧底部箱脚紧插于平车端部的支柱槽内，并将活动螺栓腿装入对应支柱槽，旋紧防松螺母。打开端墙、侧框，安装好斜支撑，插好各部位插销，并将两箱通过花篮螺栓紧固连接。

3.8 m、4 m 材每车须装 3 垛；6 m 材每车须装 2 垛；8 m 材与 3.8 m、4 m 材可拼装，每车须装 2 垛；12 m 材每车装 1 垛。不得以其他形式配装。

装载时，必须做到紧密排摆、紧靠侧框、压缝挤紧。装载高度严禁超过箱端墙，紧靠侧框的木材，装载高度不得超过侧框高度，每垛的高度应基本一致，起脊部分必须排摆整齐。紧靠侧框的木材，两端超出侧框的长度不得小于 200 mm。装载原木时，大小头要颠倒，靠近箱端墙的木材应纵向倾于货车中部，不得形成向外溜坡。

在车辆两侧每个相互对应的侧框立柱上，距车地板 1 800～2 250 mm 的高度间，加 1 道腰线（共计 8 道）。加固材料及使用方法按现行木材装载相关规定办理。

从侧框顶端下 300 mm 开始，对每垛木材起脊部分做整体捆绑。具体捆绑方法是：材长 12 m 的每垛整体捆绑 4 道，材长 6 m、8 m 的每垛整体捆绑 3 道，材长 3.8 m、4 m 的，每垛捆绑 2 道。加固材料及使用方法按现行木材装载加固相关规定办理。

折叠箱装车后，必须关闭平车端板，不能正常关闭的，应吊起端板，并用 8 号镀锌铁线 2 股 2 道与车体或箱体捆绑牢固。有侧板的平车，必须将侧板放下，用锁铁卡死，并用 8 号镀锌铁线 2 股 2 道与车体捆绑牢固。装箱后要再次拧紧活动螺栓腿。

空箱回送时，底层箱与平车间比照重箱加固。两组以上叠装回送时，箱与箱间利用箱本身装置连接，叠放好后拴上安全销，用 8 号镀锌铁线穿过安全销通孔后拧固；安全销无通孔时，将最上层箱与车体间每侧用 8 号镀锌铁线 4 股 2 道捆绑牢固。

货检站要对折叠箱底架、侧框、端墙的焊缝可见部位和箱体与车辆的连接处进行检查，发现符合扣修条件的及时扣车处理，发生漏检，按区段负责制追究责任。不危及行车安全时，下列情况允许放行：

（1）未超出发站允许使用条件。

（2）活动螺栓腿松动变形，螺栓压板未脱出支柱槽，可以与平车加固连接。

（3）端墙顶梁折角部位开焊，端墙变形外涨不大于 100 mm。

发到站应及时将装、卸车清单等的信息录入集装箱追踪系统。

4. 装卸安全管理

木材装卸车作业须严格遵守《铁路装卸作业安全技术管理规则》，确保人身安全。必须人力配合的作业，装卸工组组长要加强监督、指导，防止发生人身伤亡事故。

装卸车作业必须使用装卸机械，作业时不得使用装卸机械拖拉箱体，严禁人力推倒端墙、侧框。

箱体的组装、拆解和码放作业必须按照作业程序和有关技术要求操作，由起重工和起重机司机配合进行。作业中必须按箱体索点标记加索起吊和放下，箱体各部件必须按先后顺序单件进行吊装作业。组装箱体时，必须将所有连接件紧固牢靠，销轴插销到位；拆解、折叠和回送时应按要求加固连接好。作业中要随时检查箱体技术状态，发现变形、开焊和裂纹等异状或配件不全时，及时报告车站货运人员。

折叠箱装车时，应在起吊索点拴挂绳索后将箱子吊上平车，将箱端部桩脚插入平车对应支柱槽内。

打开端墙时，在端墙上的起吊索点拴挂绳索并起吊，到位后插好端墙保险栓，放下斜支撑，装好斜支撑销，确认无误后方可解索。

打开侧框时，按顺序操作，到位后拴好侧框保险销。

吊装木材时，不得利用折叠箱的侧框、端墙找平。装车后，木材不能超过端墙上缘，不得超载、偏载、偏重。

折叠时，每箱要先放下无梯子一侧的侧框。拴挂好端墙上的索点后，收起斜支撑，拨出端墙保险栓后放倒端墙。

折叠箱需从车上卸下时，先松开活动螺栓腿，向上拉起挂在调节槽板上。拆下二箱连接花篮螺栓，叠回箱底梁上，插销固定。

5. 质量管理

折叠箱检验和修理单位应具备相应资质和条件，应在适当地点设立折叠箱修理厂或维修点。修理厂和维修点应配备验箱师，负责修竣折叠箱的验收等工作。

装载折叠箱的平车需入段、厂修理时，车辆部门应及时通知车站，由车站报告集装箱调度。

折叠式台架集装箱结构如图 4.2.2 所示。

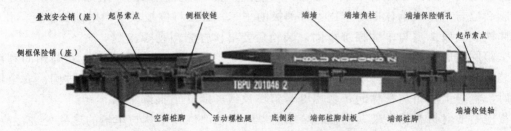

图 4.2.2（a） 折叠式台架集装箱折叠状态

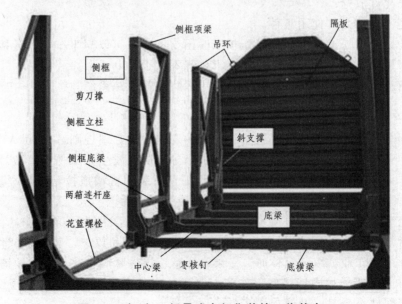

图 4.2.2（b） 折叠式台架集装箱工作状态

（五）双层汽车集装箱试运方案

【中铁 20 ft 双层汽车集装箱试运方案】

（1）集装箱技术参数：

外形尺寸：6 058 mm×2 438 mm×3 200 mm；自重：3 300 kg；总重：15 000 kg；编号：TBQU500000～500229。

（2）货物及规格：

轿车：宽度≤1 900 mm，高度≤1 465 mm，轮径≤930 mm，轮距 1 490～1 670 mm。

（3）准用货车：集装箱专用平车或两用平车。

（4）办理站：

在公布的 20 ft 通用集装箱办理站或专用线间运输。

（5）装载加固：

每个集装箱双层装载两台轿车，每车装载两个集装箱。装载均衡，不得偏载、偏重。

每台轿车前轮前端和后轮后端用止轮器掩紧，并稳固地固定在平台或箱地板上。

每台轿车的前部、尾部分别用紧固器将轿车底盘固定在平台或箱地板适当位置上。

（6）其他要求：

装箱前，认真检查并确保集装箱、止轮器、紧固器各部件状态良好。

装箱后，检查装载加固符合要求，制动装置全部制动，变速器置于初速位置（或挂 P 档），制动柄用铁线捆绑牢固，锁闭汽车门窗。

重箱禁止溜放。

【中铁 50 ft 双层汽车集装箱试运方案】

（1）集装箱技术参数：

外形尺寸：15 400 mm×2 500 mm×3 200 mm；自重：9 680 kg；总重：30 480 kg；箱号：TBQU800000～802500。

（2）适箱货物：

轿车、中型客车、轻型货车、多功能车，宽度≤1 900 mm，轮径≤1 00 mm，轮距 1 200～1 750 mm。回空时可装运通用集装箱的适箱普通货物。

（3）准用货车：X_{6B}、X_{6C}、NX_{17B}、NX_{70} 型货车。

（4）办理站：

可在 40 ft 集装箱办理站（专用线）发到，具有端站台、高站台的车站（专用线）也可办理。

（5）加固材料：专用止轮器、紧固器和铁支架。

（6）装载方法：

每车装载 1 个集装箱。

每箱可双层装载轿车 4～8 台，单层装载中型客车、轻型货车、多功能车 3 台，爬装轻型货车、多功能车 4 台。

单、双层装载时，汽车在箱内停放均衡、平稳，不得偏载、偏重。爬装时，利用专用铁支架，4 台汽车依次爬装，第一台汽车头部和第四台汽车尾部距集装箱箱门距离不小于 200 mm，汽车头部与前台汽车驾驶室后部的间距不小于 500 mm。

（7）加固方法：

单、双层装载时，每台汽车前轮前端和后轮后端用止轮器掩紧，并稳固地固定在平台或箱地板上，前部、后部分别用紧固器将轿车底盘紧紧固定在平台或箱地板适当位置上。

爬装时，每台汽车的前轮均卡在专用铁支架上，后轮前后端均用止轮器掩紧，并用紧固器小八字固定于箱体上，底盘用紧固器成两个八字固定在箱地板上。

（8）其他要求：

装箱前，认真检查并确保集装箱、止轮器、紧固器各部件状态良好。

装箱后，检查装载加固状态，制动装置全部制动，变速器置于初速位置（或挂 P 档），制动柄用铁线捆绑牢固，锁闭汽车门窗，按规定关闭箱门和施封。

重箱禁止溜放。

实训练习

1. 某托运人在满洲里站用两个 20 ft 板架箱托运木材到徐州北站，请办理这批货物的运输组织。

2. 某托运人在横现河站用两个 20 ft 水泥箱运送水泥到贵阳西站，请办理这批货物的运输组织。

任务 3 集装化货物的运输组织

任务描述

本任务主要是关于集装化货物运输组织的相关知识介绍与技能训练，是集装货物运输组织的重要组成部分。通过本任务的学习，使学生理解集装化运输方式的形式及优越性，了解集装化用具的条件，了解集装化运输货物品种，理解集装化运输定型方案，掌握集装化货物运输组织。

一、货物集装化运输

集装化运输是我国铁路货物运输改革的一项重要的技术改革，它把传统的以人力作业为基础的小型货件改革成适应现代化装卸机械作业为基础的大型集装货件。这项改革所达到的主要目的是保证货物质量与运输安全，提高货物运输作业效率和降低货物运输作业的劳动强度，增加企业和社会效益。

凡使用集装用具和自货物包装、捆扎等方法，将散装、小件包装、不易使用装卸机械作业的货物按规定集装成特定的单元后运往到站的，皆为集装化运输。

（一）集装化运输的优越性

（1）减少了货损货差，保证了货物运输安全。

（2）能实现装卸机械化，提高作业效率。

（3）简化包装，节约包装材料。

（4）提高库存数量和货位利用率。

（5）简化点件交接作业。

（6）提高货车载重力的利用率。

（7）有利于开展联运，实现门到门运输。

（8）有利于货场整洁畅通。

（二）集装用具的基本条件

在集装化运输中，组织货物集装货件的方法可分为两种不同的基本形式：一种是借助集装用具的货物运输集装件；另一种则是借助捆扎索夹具或捆扎材料的货物集装货件。在集装化运输中，用以货物集装化的箱、盘、笼、袋、架、夹、预垫绳等称为集装用具。

（三）集装用具的条件

（1）有足够的刚度和强度。

（2）有利于货物的码放，能够保证货物、人身、行车安全，不损坏车辆。

（3）具有机械作业需要的起吊装置或叉孔。

（4）能够充分利用货车容积或载重能力。

（5）循环使用的用具能够拆解、折叠、套装，便于回送。

（四）集装用具应根据集装方式及货物性质涂打的标记

（1）配属单位、编号。

（2）站名。

（3）自重及最大载重能力。

（4）外形尺寸或容积。

（5）制造单位、制造日期。

（6）货物储运图示标志。

（五）集装化运输的形式

1. 托 盘

托盘是具有载货平面、设有叉孔、便于叉车作业的一种用于装卸、搬运和堆放货物的集装用具。使用时，将货物定型码放在托盘上，用塑料套、纸带或其他与托盘加固成一个整体进行运输。

托盘适用于外形比较规格的货物。

2. 集装桶

集装桶是用钢材制造的桶状容器，适宜装运粉末或颗粒状货物。这种容器经久耐用，可以长期使用，特别是能与工厂的生产流水线相衔接，全部可以使用机械作业。

3. 集装捆

集装捆是指用某一材料将货物通过捆扎的方法集装成一定规格的集装货件，如对钢管、钢板的打捆，对金属块、有色金属锭、氧气瓶的捆扎。这是最简易的集装方法，用料少，效果好。主要用料是打包铁皮、编织打包带、绳索等。

4. 集装袋

集装袋是用坚韧材料制作的大口袋（如用布涂橡胶、丙纶编织布、维纶帆布等），可用于敞车运输，适宜装运粉末或颗粒货物。

使用丙纶编织布制成的集装袋，每袋可载重 1 t，底部设有卸料口，在卸料时抽动卸料的活结绳头，袋内货物自动从卸料口下落。其造价低，只需使用 2～4 次即可收回成本。

5. 集装网

集装网是用维纶绳、丙纶绳或钢丝编成的网络，适宜用于集装带有包装的粮食、化肥、食盐、滑石粉等袋装货物和不带包装的片石、石灰石、铁矿石等块状货物。

6. 集装笼

集装笼是钢制的笼式容器，适宜于装载砖瓦、小型水泥预制件、瓷器、水果及其他杂货。其规格形状可根据货物和车辆的要求进行制造，如砖瓦重，笼形可低些；水果、杂货轻，笼形就可大一些。有盖无盖可视货物要求而定。

7. 集装架

集装架是一种比集装笼更为简易的集装用具，具有与集装盘功能相类似的底座，并有向空间延伸的框架结构。其结构有 L 字形、A 字形和方形等多种形式。集装架主要用于集装平板玻璃、耐火砖等，构造简单，实用价值高。

8. 预垫运输

预垫运输是对长形货物如竹、木、钢管、塑料管、钢筋、角铁等，在装车时预先用钢丝绳或尼龙绳绞绕，绳的两端做有套扣，以便在卸车时可以整捆一次用机械起吊。托运人也可自货预垫，如装运竹、木在货车地板或每层货物间放置预垫用具，在敞车侧板与货物间放置立柱。预垫用具的高度和立柱的大小，以能方便地穿引起吊钢丝绳为度，为货物在到站卸车创造方便条件。此项预垫工作可以从运输全过程，包括装卸车和短途搬运的汽车都进行预垫，效果更为显著。

9. 铸件改形

这种方法是在浇铸时将一些可铸性的货件（如铝锭、粗铜等）由小件改为大件，不需要任何容器或捆扎。

10. 拆解集装

拆解集装就是把大件货物拆解为若干小件，或把外形不规则的货物拆解为集装单元，使货件密集成整。

二、集装化运输条件

（1）集装化运输的货物，以集装后组成的特定单元（盘、笼、箱、袋、网、捆等）为一件。每一件集装货件的体积应不小于 $0.5\ m^3$，或重量不小于 $500\ kg$。

（2）棚车装运的集装化货物，每件重量不得超过 1 t，长度不得超过 1.5 m，体积不得超过 $2\ m^3$。到站限制为叉车配属站。

（3）敞车装运的集装化货物，每件重量不得超过到站最大起重能力（征得到站同意时除外）。

（4）集装化货件应捆绑牢固，表面平整，适合多层码放；码放要整齐、严密，并按规定做好包装储运的标志。以绳索等预垫方式运输竹、木等货物时，必须满足卸车时机械作业的要求。

（5）集装化货物与非集装化货物不能按一批运输。一批运输的多件集装化货物以零担方式运输时，应采用同一集装方式。

三、集装化运输货物品种

目前采用集装化运输较多的货物品种主要有：

（1）有色金属锭。通过铁路运输的有色金属锭，如铝锭、铅锭、电解铜等已经基本全部采用集装捆运输。

（2）小型柴油机。配套供应的 S195、110 等型号的小型柴油机已经基本上采用拆解式集装运输。

（3）石油沥青。块状石油沥青全部实现集装袋运输。

（4）平板玻璃。大约近 50% 的平板玻璃采用集装架运输。

（5）炭黑。通过铁路运输的炭黑已经全部集装化运输。

（6）石墨。通过铁路运输的石墨已经全部集装化运输。

四、集装化运输定型方案

【方案一】编号：020201 集装铝锭（Ⅰ）

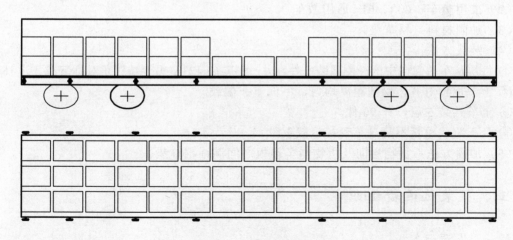

图 4.3.1　铝锭装载图一

（1）货物规格：用钢带或 6.5 mm 盘条井字形捆扎集装，集装后外形尺寸为（750～900）mm×（700～900）mm×（600～900）mm，件重 600～1 030 kg。

（2）准用货车：60 t、61 t 通用敞车。

（3）加固材料：8 号镀锌铁线，稻草垫。

（4）装载方法：

① 两层装载，第 1 层装 3 行，分别从车辆两端墙起装载，尽可能装满车地板。

② 第二层分装在车辆两端，装载件数相等，全车装载量不超过货车标记载重量。

③ 两层货物上下对齐，纵向垛间排列紧密，横向垛间距离均匀。

（5）加固方法：

① 装车前在车地板上满铺稻草垫。

② 用镀锌铁线 4 股将第 2 层靠货车中部的两列货物，整体串联捆绑牢固。

【方案二】编号：020202 集装铝锭（Ⅱ）

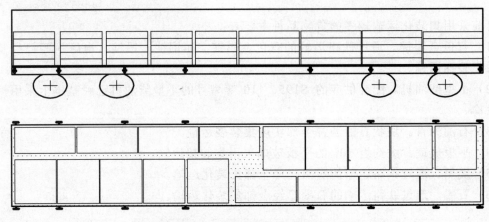

图 4.3.2　铝锭装载图二

（1）货物规格：外形尺寸为（1 480～1 500）mm×（1 020～1 030）mm×（230～250）mm，件重 600～670 kg。

（2）准用货车：60 t、61 t 通用敞车。

（3）加固材料：稻草垫。

（4）装载方法：

① 每层从车端起向中部一侧横装 5 件，另一侧顺装 4 件；另一端对角对称装载，计 18 件。

② 上下货物对齐，垛间距离均匀，不偏重、偏载。

③ 全车共装 5 层，计 90 件。

④ 全车装载重量不超过车辆标记载重量。

（5）加固方法：货物层间及货物与车地板之间满铺稻草垫。

五、集装化运输组织

（一）货源组织

（1）为促进集装化运输发展，各铁路局、车务段、车站均应加强领导，组成由货运、运输、装卸、科研等部门参加的集装化运输领导组织，由各级货运、装卸部门共同担负日常办理机构的工作，以加强集装化运输的领导和管理。

（2）各货运站应建立定期检查、分析制度，及时了解本经济吸引区各企业产品、运量、运输包装、装卸起重能力等情况及新建企业产品动态，协助企业在设备改造和制订产品生产计划的同时制定集装化运输方案和措施。

发展集装化运输要整车、零担并重，首先采用铁路通用集装箱，其次是各种方式的集装化运输。对于容易发生损失、运输过程中包装材料使用较多、污染车辆、交接手续繁琐、装卸作业困难的货物，要优先实行集装化运输。实行集装化运输必须从大局出发，要提高社会经济效益并兼顾各部门的利益。铁路和收发货人要密切配合，加强管理工作。

（3）凡具备采用集装化运输条件的货物，都必须采用集装化运输。车站在受理发货人提报的运输计划时，应认真审核，凡能采用集装化运输的货物，都应采用集装化运输。发货人要求铁路运输整车集装化货物时，应在月度要车计划表及旬要车计划表记事栏内注明"集装化"字样。车站对发货人申请的集装化运输计划按集装化有关规定审核后，加盖"××站集装化运输"戳记上报。在同一品类、同等条件下，对集装化货物，要优先批准计划、优先进货、优先装车。

铁路局要把集装化运输纳入月度运输计划，并要逐月分析集装化运输计划兑现情况。车站不得将批准的集装化运输计划以非集装化方式运输。

（二）运输组织

1. 托 运

发货人托运集装化货物，应在运单"托运人记载事项"栏内注明"集装化"字样。运单中"件数"一栏应填写集装货物的件数，"包装"一栏填写集装方式名称。

2. 受理和承运

发站受理集装化货物时，应在货物运单右上角处加盖"××站集装化运输"章。

承运新品名、新方式集装化货物时，应先组织试运，以检验集装用具、装载加固方法能否保证货物及运输安全。试运成功的集装化方式和用具，铁路局应及时组织鉴定和定型，并作为运输条件公布，在管内执行。经铁道部鉴定合格的集装化方式的用具，由铁道部公布运输条件在全路施行。

实行集装化运输的货物（以运单上发站的集装化运输章为凭），其装卸费率仍按集装前的该类货物装卸费率执行。

组织集装化运输时要充分利用货车载重能力和容积，并符合《铁路货物装载加固规则》有关规定。不容许将非超限货物集装成超限货物运输。

3. 交 接

集装化运输的货物在清点件数时，一律按集装货件办理，不得拆散；到达的集装货件，到站应以单元整体（包括集装用具）一并交给收货人。收货人应以单元整体搬出货场。

需要回送的集装用具，到站根据运单记载的集装化运输戳记和有关规定签发特价运输证明书。收货人凭特价运输证明书回送。车站对回送的集装用具要优先运输。

 实训练习

1. 张贵庄站受理一批铝锭，到站为成都东站，货物规格为 1 480 mm×1 020 mm×230 mm，件重 600 kg，请按集装化运输条件办理这批货物的运输组织。

思考题

1．集装箱货物运输的条件是什么？
2．适合集装箱运输的货物有哪些？
3．拨配空箱时，发送货运员应会同托运人认真检查箱体状态，检查的主要内容有哪些？
4．集装箱施封由谁负责？施封时应注意什么？
5．集装箱交接的地点和方法是什么？

车种	车型	载重（t）	自重（t）	容积（m³）	钩舌内侧距离（mm）	车体尺寸（mm）				空车重心高（mm）	构造特点
						内长	内宽	内高	地板面距轨面高		
敞车	C₅₀	50	19	57	14 038	13 000	2 740	1 600	1 190	870	侧、端墙为钢木结构，两侧有上下侧门
	C₆₅	60	19.3	75	13 938	12 988	2 796	1 900	1 078	955	低合金全钢敞车，两侧设侧门和上下门
	C₆₂	60	20.6	68.8	13 438	12 488	2 798	2 000	1 082	970	与C₆₅同
	C₆₂M	60	21.2	69.4	13 438	12 400	2 800	2 000	1 079	1 000	侧、端墙为钢骨架木墙板，两侧设侧门和下侧门
	C₆₂A	60	21.7	71.6	13 438	12 500	2 890	2 000	1 083	1 000	低合金全钢敞车，两侧设侧门和下侧门
	C₆₂B	60	22.3	71.6	13 438	12 500	2 890	2 000	1 082	1 000	国产耐候钢全钢敞车，结构与C₆₂A同
	C₆₄	61	22.5	73.3	13 438	12 490	2 890	2 050	1 082	1 000	耐候钢全钢敞车，侧、端墙强度较大。两侧设侧门和下侧门
	C₅D	75	25.6	79.5	13 438	12 500	2 890	2 200	1 083		车的中部设中央轮对，为五轴全钢敞车，两侧设侧门和下侧门
	C_F	60	20.4	58	13 442	12 488	2 618	1 900	1 086	970	高边无门全钢敞车
	C₁₆A	64.5	19.5	44	11 938	10 990	2 614	1 400	1 093		低边无门全钢敞车
	C₆₁	61	23	69.4	11 938	11 000	2 890	2 200	1 083	1 084	缩短型耐候钢全钢敞车，只设下侧门，取消侧门
	C₆₁Y	60	23.2	67	11 938	10 988	2 800	2 177	1 083		从波兰进口的敞车
	C₆₃	61	22.3	70.7	11 986	10 300	2 890	2 375	1 061	1 154	运煤专用敞车，无车门
棚车	P₁₃	60	22.6	120	16 438	15 470	2 830	2 740	1 144	1 315	木地板
	P₆₀	60	22.2	120	16 438	15 470	2 830	2 750	1 144	1 315	木地板
	P₆₁	60	24	120	16 438	15 140	2 830	2 819	1 079	1 310	钢地板
	P₆₂	60	24	120	16 438	15 490	2 820	2 760	1 141		钢地板
	P₆₂N	60	23.4	120	16 438	15 490	2 820	2 754	1 141		耐候钢
	P₆₃	60	24	137	16 688	15 722	2 763	2 900	1 150		木地板
	P₆₄	58	25.4	116	16 438	15 466	2 796	2 705	1 143		竹地板

附件2 我全国部分罐车、水泥车的尺寸及性能表（二）

车种	车型	载重（t）	自重（t）	罐体总容积（m³）	罐体有效容积（m³/t）	车辆定距（mm）	钩舌内侧距离（mm）	罐体尺寸（mm）			构造特点
								总长	内径	罐体中心高	
罐车	G60	50	19.9	62.1	60	7 300	11 992	10 410	2 800	2 565	轻油罐车，无空气包，上卸式
	G19	63	20.7	80.4	77	9 620	14 082	12 960	2 800	2 491	轻油罐车，倾斜底，无底架，无空气包，上卸式
	G12	50	23.3	52.5	51	6 800	11 608	10 026	2 600	2 463	黏油罐车，下卸式，原有空气包，后改为无空气包
	G17	52	22.2	62.1	60	7 300	11 992	10 410	2 800	2 565	黏油罐车，无空气包，下卸式
	GLB	58	25.2	61.12	58	7 300	11 988	10 220	2 800	2 585	沥青罐车，罐内有加热管，罐体隔热，下卸式
	G70	60	19.8	72.04	69.7	7 500	11 988	10 700	3 020	2 565	轻油罐车，无空气包，上卸式
水泥车	U60	58	27	48		9 440	13 682		3 200	1 002	有3个立式罐，气卸式卸货
	U60W	59	24.5	50	48	7 600	12 000	10 100	3 000		卧式气卸水泥罐车，罐体底部有3个锥和气室

参考文献

［1］戴实．铁路货运组织[M]．北京：中国铁道出版社，2013．

［2］夏栋．铁路一般条件货运组织[M]．北京：中国财富出版社，2012．

［3］中华人民共和国铁道部．铁路货物运输规程[M]．北京：中国铁道出版社，2009．

［4］中华人民共和国铁道部．铁路货物运输管理规则[M]．北京：中国铁道出版社，2009．

［5］中华人民共和国铁道部．铁路货物装载加固规则[M]．北京：中国铁道出版社，2006．

［6］中华人民共和国铁道部．铁路货运事故处理规则[M]．北京：中国铁道出版社，2009．

［7］中华人民共和国铁道部．铁路货物运价规则[M]．北京：中国铁道出版社，2000．

［8］中华人民共和国铁道部．铁路集装箱运输规则[M]．北京：中国铁道出版社，2007．

［9］中华人民共和国铁道部．铁路集装箱运输管理规则[M]．北京：中国铁道出版社，2007．